Ab 40 bewirbt man sich anders

Anita Eggert

Ab 40 bewirbt man sich anders

Durchstarten mit Lebenserfahrung, Bewerbungsstrategien, Informationen, Mutmacher: mit Musterdokumenten

2. Auflage

Springer

Dipl. Psych. Anita Eggert

ISBN 978-3-642-41170-0 ISBN 978-3-642-41171-7 (eBook)
DOI 10.1007/978-3-642-41171-7

Die Deutsche Nationalbibliothek verzeichnet diese Publikation in der Deutschen Nationalbibliografie; detaillierte bibliografische Daten sind im Internet über ► http://dnb.d-nb.de abrufbar.

Planung: Joachim Coch, Heidelberg
Projektmanagement: Lisa Geider, Heidelberg
Lektorat: Ursula Illig, Gauting
Projektkoordination: Cécile Schütze-Gaukel, Heidelberg
Umschlaggestaltung: deblik Berlin
Fotonachweis Umschlag: © Aline Lange
Herstellung: Crest Premedia Solutions (P) Ltd., Pune, India

Gedruckt auf säurefreiem und chlorfrei gebleichtem Papier

Springer-Verlag ist Teil der Fachverlagsgruppe Springer Science+Business Media
www.springer.com

Für
Erna Friedrich

Vorwort

Liebe 40er/innen und über 40er/innen!

Wann haben Sie sich zum letzten Mal für einen neuen Arbeitsplatz beworben?

Vor mehreren Jahren? Damals, als Sie diese interessante Stellenanzeige in der Samstagszeitung lasen und Ihre schriftliche Bewerbung einreichten? Sie haben den Job bekommen und viele Jahre lang erfolgreich und zufrieden ausgeführt, stehen nun jedoch erneut vor der Herausforderung, sich bewerben zu wollen und fragen sich ein wenig ratlos, wie »das heute denn zeitgemäß und Erfolg versprechend geht«?

Oder haben Sie immer wieder mal zur eigenen Weiterentwicklung den Job gewechselt und eigentlich ist alles in Ordnung bis auf die Tatsache, dass Ihre Bewerbungen so langsam auf weniger Interesse bei Arbeitgebern stoßen? Sie sagen sich »o. k., das ist der Markt – ich gehöre zwar noch nicht zum alten Eisen, aber es wird allmählich eng für mich«. Dennoch gibt es gerade diesen hochinteressanten Job, der Sie wirklich reizen würde und sie »wollen es nochmals wissen«?

Vielleicht gehören Sie auch zu dem immer größer werdenden Kreis von Frauen, die nach einer Pause zugunsten der Kindererziehung wieder in den Job einsteigen möchten? Sie fühlen sich jedoch »ganz weit weg vom Berufsleben« und fragen sich, wie Sie heute trotzdem einen professionellen Eindruck beim Wiedereinstieg vermitteln können?

Es gibt vielfältige Anlässe, die Menschen in die Situation bringen, plötzlich – gewollt oder eher unfreiwillig – dem Arbeitsmarkt gegenüberzustehen. Ab dem Entschluss »Ich suche mir einen neuen Job« stehen sie jedoch alle gleichermaßen vor der Herausforderung, ihre zukünftige Rolle in diesem Markt zu finden, den persönlich erfolgreichen Schlachtplan zum Erreichen ihres Ziels zu entwickeln und anschließend in die Tat umzusetzen.

Wer sich viele Jahre nicht mehr mit dem Thema Bewerbung befasst hat, sollte nicht der Versuchung nachgeben, den alten Lebenslauf »von damals« wieder aus der Schublade zu holen und ihn einfach um den weiteren beruflichen Werdegang zu ergänzen. Es geht nun vielmehr darum, mit einer neuen Strategie die zwischenzeitlich gewonnene Berufserfahrung überzeugend und zeitgemäß zu präsentieren.

Um es einmal bildlich auszudrücken: Der Arbeitsmarkt ist ein großes Puzzle, in dem sich das eine Stückchen in das nächste fügt, um ein funktionierendes Ganzes zu bilden. Dieses Buch wird Ihnen dabei helfen, zunächst die für Sie persönlich optimale »Lücke im Puzzle« zu identifizieren und anschließend Ihre darauf abgestimmt Bewerbungsstrategie zu entwickeln, indem Sie erfahren, wie Sie sich als »passendes Puzzle-Stückchen« erfolgreich präsentieren.

Ich habe versucht, mit diesem Buch möglichst umfassend alle Aspekte einer Bewerbung anzusprechen, gehe jedoch davon aus, dass nicht jeder Leser alle Informationen benötigen wird oder die Zeit hat, sich mit allen angebotenen Informationen zu befassen. Da Bewerbungssituationen so unterschiedlich wie ihre Bewerber sind, bietet dieses Buch Ihnen drei verschiedene Arten des Lesens an:

- Für diejenigen Leserinnen und Leser mit konkreter Bewerbungsabsicht, die vielleicht eine interessante Stellenanzeige vor sich liegen haben, auf die sie sich möglichst schnell bewerben wollen, bietet das Buch einen schnellen Überblick über wesentliche Fakten und Informationen zu einer individuellen, zeitgemäßen und korrekten Bewerbung. Viele Aussagen im Vorfeld der Bewerbung werden auf die erforderlichen Grundüberlegungen und die Zusammenfassungen der Kapitel reduziert. Diese Textpassagen sind jeweils gekennzeichnet mit »**DO IT!**«
- Für die Leserinnen und Leser unter Ihnen, die an Hintergründen interessiert sind und ein tieferes Verständnis für den Arbeitsmarkt und ihre eigene Rolle gewinnen möchten, werden diese Passagen um weitere Beschreibungen aus Sicht des **A**rbeitsmarktes, in Verbindung mit statistischen **H**intergründen und die Einschätzung der **A**rbeitgeber, ergänzt. Sie sind gekennzeichnet mit »**AHA-INFOS**«.
- Die dritte Zielgruppe stellen Leserinnen und Leser dar, die aufgeschlossen für neue Sichtweisen und Einstellungen das vorliegende Buch auch als Lebensratgeber nutzen möchten. Für dieses Publikum werden gezielt diejenigen Informationen hervorgehoben, die zu einer selbstbewussten inneren Einstellung führen und dadurch ein überzeugendes Auftreten als erfahrene/r Mitarbeiter/in ermöglichen. Ergänzend zu allgemeinen Fakten sind diese motivierenden Passagen gekennzeichnet mit »**FEEL GOOD!**«

Da der Arbeitsmarkt in dieser Zeit durch extreme Dynamik gekennzeichnet ist, biete ich als Ergänzung zu diesen Fakten im Buch eine Homepage mit aktuellen Informationen und Entwicklungen an. Unter ► www.ab-40-bewirbt-man-sich-anders.de können Sie jederzeit weiterführende Beiträge über aktuelle Fragestellungen finden.

Ich hoffe, Ihnen mit dieser Mischung aus Marktdaten und Erläuterungen der Arbeitsweisen von Personalabteilungen umfassende Einblicke in Bewerbungsprozesse zu geben, durch deren Kenntnis Sie Sicherheit für Ihren nächsten Auftritt auf dieser Bühne gewinnen.

Es ist mir jedoch ein Anliegen, dass über die reine Informationsvermittlung hinaus auch ein Wandel in der Einstellung zum Thema »Bewerben ab 40« erfolgt. Das schleichende Abrutschen in die Zweitklassigkeit ab dieser Altersstufe wurde in den vergangenen Jahren viel zu unkritisch akzeptiert, obwohl es jeglicher Grundlage entbehrt. Leider hat sich die allgemeine Meinung bisher nur oberflächlich informiert dem heutigen »Jugendwahn« angeschlossen und Parolen wie »ab 40 wird‘s eng und ab 50 gehört man zum alten Eisen« verbreitet.

Ich gehe jedoch davon aus, dass wir diese Stimmen bald nicht mehr hören werden. Denn die Cleveren in diesem Thema werden umdenken und die anderen untergehen.

Liebe Leserinnen und Leser, mit diesem Buch halten Sie ein Exemplar der 2. Auflage in der Hand. Es ist der Verdienst zahlreicher interessierter Bewerberinnen und Bewerber, die über meine Homepage und im persönlichen Gespräch die Gelegenheit genutzt haben, mich durch Rückmeldungen und Nachfragen auf noch fehlende Informationen hinzuweisen. Ich bedanke mich ausdrücklich für diese Anregungen, denn sie haben dazu geführt, dass der Informationsgehalt dieses Buches noch umfassender geworden ist und auch ganz spezielle

Aspekte beschreibt. Als neue Themen wurden beispielsweise die Beschreibung von Internetplattformen zur Arbeitgeberbeurteilung aufgenommen, der Umfang einer Kurzbewerbung definiert, Motivationsschreiben näher betrachtet und weitere kleine Tipps im Bewerbungsverfahren aufgenommen.

Wie ich aus meinem beruflichen Wirken als Bewerbungscoach täglich erfahre, entsteht bei einem Bewerbungsprozess sehr schnell der Bedarf nach kurzfristigem Dialog. Darum möchte ich Sie an dieser Stelle herzlich und ausdrücklich zu weiteren Fragen, Anregungen und dem fachlichen Austausch einladen!

Ihre
Anita Eggert

PS: Eine kurze Anmerkung: Da ständige Doppelnennungen wie »Sie als Bewerberin oder Bewerber stellen sich bei einer Personalleiterin oder einem Personalleiter vor, um als spätere/r Gruppenleiter/in Mitarbeiterinnen und Mitarbeiter zu leiten …« zu einem sehr anstrengenden Lesen führen, wird in diesem Buch rein aus Gründen des Lesekomforts überwiegend die männliche Form verwendet. Alle Aussagen gelten inhaltlich selbstverständlich sowohl für Damen als auch für Herren.

Inhaltsverzeichnis

Serviceteil

Am Anfang steht Ihre neue Sichtweise

A. Eggert, *Ab 40 bewirbt man sich anders*,
DOI 10.1007/978-3-642-41171-7_1,

FEEL GOOD!

Lösen Sie sich von dem Gedanken, dass der Markt nur junge, preiswerte und flexible Arbeitskräfte benötigt. Mit dieser Einstellung fühlen Sie sich zwangsläufig zweitklassig und dies wird zwischen den Zeilen Ihrer Bewerbung zu lesen sein. Ihre Bewerbung wird auf dem Tisch eines Arbeitgebers demnach entweder seine Meinung zu dem Thema bestätigen oder – was viel schlimmer wäre – ihm bei einer unvoreingenommenen Betrachtung den Eindruck vermitteln, dass Sie von sich selbst nicht restlos überzeugt sind.

Ich möchte Sie hier nicht zu einer realitätsfremden Sichtweise animieren, ganz im Gegenteil: Wenn Sie den aktuellen Arbeitsmarkt kennenlernen und sich Ihrer Vorzüge bewusst werden, dürfte Ihrem gesunden Selbstbewusstsein bezogen auf den eigenen Marktwert nichts mehr im Wege stehen.

Sollten Sie als Bewerber nicht den Kategorien »Spezialistentum« oder »Führungskraft« zugeordnet sein, stehen Sie im Vergleich mit jüngeren Mitarbeitern einigen gängigen Vorurteilen gegenüber.

Diese Klischees haben dazu geführt, dass ältere Bewerber immer weiter ins Abseits geraten sind.

1.1 Warum stellen Arbeitgeber ältere Mitarbeiter nicht so gerne ein?

AHA-INFOS

- **»Sie haben zu hohe Ansprüche an das Gehalt«**

Diese Erfahrung müssen Arbeitgeber immer wieder machen: Berufserfahrene Bewerber sind nicht bereit, ein erreichtes Gehaltsniveau aufzugeben.

Hier sollte unbedingt ein Umdenken auf Bewerberseite erfolgen. Seniorität führt zwar in Tarifverträgen zu wachsenden Gehältern, beim Verlassen dieses Systems gibt es jedoch kein Naturgesetz, dass Gehälter immer weiter ansteigen müssen!

Flexibilität in der Gehaltsfrage ist ein entscheidender Vorteil, der sich auf Umwegen wieder für Sie auszahlen wird.

- **»Ältere zeichnen sich durch mangelnde Motivation aus«**

Fälschlicherweise besteht das Vorurteil, dass ältere Mitarbeiter im Vergleich zu Jüngeren weniger Motivation und Engagement im Job zeigen.

Studien und das tägliche Arbeitsleben zeigen, dass Engagement keine Frage des Alters ist. Man hat jedoch herausgefunden, dass ältere Mitarbeiter stärker durch den inneren eigenen Antrieb (intrinsisch) motiviert sind, während jüngere Mitarbeiter mehr über den Umweg eines externen Anreizes (extrinsisch) motiviert werden können. Dies bedeutet, dass ein Arbeitgeber, der hauptsächlich durch finanziellen Ansporn seine Mitarbeiter motiviert, größere Wirkungen bei den Jüngeren erzielt. Erfahrene Mitarbeiter hingegen müssen verstärkt den Sinn in ihrer Aufgabenstellung erkennen, um dann aus ihrer eigenen Überzeugung ein Ziel erreichen zu wollen.

- **»Bei Älteren nimmt die Denkleistung ab«**

Es ist eine merkwürdige Vorstellung, dass die Spitzenkräfte unserer Wirtschaft unter mangelnder Denkleistung leiden.

Die wissenschaftliche Unterteilung in fluide und kristalline Intelligenz zeigt, dass sich die verschiedenen Denkleistungen im Alter anders gewichten. Die fluide Intelligenz, die für das schnelle Handeln verantwortlich ist, nimmt bereits ab dem 25. Lebensjahr deutlich ab, wodurch das Denken, welches beispielsweise das leichte Erlernen von Programmiersprachen ermöglicht, verlangsamt wird. Die kristalline Intelligenz hingegen steigt bei aktiven Menschen ein Leben lang leicht an. Sie bedeutet ein Anwachsen des »Wissens im Kontext«, wodurch strategische und analytische Denkleistungen in komplexen Situationen, wie sie in Führungsfunktionen oder Projektleitungen auftreten, besser gemeistert werden.

- **»Ältere sind komplizierter im Umgang«**

Natürlich wird man mit wachsender Reife unabhängiger von dem, was andere über einen denken und wirkt dadurch eigenwilliger. Dies ist aber nur eine Facette des sozialen Verhaltens.

Demgegenüber stehen viele erworbene soziale Qualitäten.

- **»Bei Älteren nimmt die Belastbarkeit ab«**

Grundsätzlich steigt die Stressanfälligkeit mit gehobenerem Alter an.

Allerdings wird sie durch Routine und sichere Priorisierung der Tätigkeiten zumeist wieder ausgeglichen.

- **»Ältere fallen häufiger durch Krankheit aus«**

Durch den allgemeinen Rückgang schwerer körperlicher Arbeit, die bessere eigene Gesundheitsvorsorge sowie das ausgeprägtere Gesundheitsmanagement der Unternehmen sind die Krankmeldungen bei älteren Menschen in den vergangenen Jahren deutlich gesunken.

Datenerhebungen der Krankenkassen zeigen auch, dass ältere Arbeitnehmer sich seltener krankmelden als Berufsanfänger, allerdings die Krankheitsdauer dann im Durchschnitt länger ist als bei den Jüngeren.

Da wir in einer sehr **jugendzentrierten Gesellschaft** leben, deren Augenmerk sich auf die Leistungsfähigkeit in jungen Jahren richtet, stehen wir gerade erst am Beginn der Betrachtung der Besonderheiten einer älter werdenden Belegschaft in Unternehmen.

Grundsätzlich ist sich die breite Öffentlichkeit folgender Daten noch nicht bewusst:

- Die Arbeitslosenquote älterer Arbeitnehmer (55–64 Jahre) hat sich in den letzten 10 Jahren fast halbiert.
- Demgegenüber ist die Anzahl älterer Erwerbstätiger in den vergangenen Jahren deutlich angestiegen.

Dies ist zum einen der demografischen Entwicklung mit generell alternder Belegschaft zu verdanken und dem Auslaufen der Frühverrentungsprogramme in den Unternehmen. Weitaus interessanter ist jedoch die Beobachtung, dass auch im Einstellungsverhalten ältere Arbeitskräfte wieder mehr geschätzt, werden, was die Bundesagentur für Arbeit in ihrer Bilanz des Arbeitsmarktes 2009 mit folgender Aussage kommentierte: »Der Jugendwahn ist gebrochen und das sog. alte Eisen gewinnt wieder an Bedeutung«.

Was hat diesen Umschwung eingeleitet? Wer sich die Zeit nimmt, einmal genauer die Fakten abzuwägen, die für oder gegen die Einstellung von Bewerbern ab 40 Jahren sprechen, kann sich relativ schnell von oberflächlichen, immer wieder gedankenlos wiederholten und verbreiteten Phrasen lösen.

1.2 Darum sollten Arbeitgeber Über-40-Jährige besonders gerne einstellen

In erster Linie werden ältere Mitarbeiter wegen ihrer Fachkenntnisse, Erfahrungen und Netzwerke eingestellt. Oftmals verfügen sie durch langjährige Branchenkenntnisse und das Miterleben langjähriger Entwicklungen in den Märkten über einzigartige Kenntnisse, die man nur im Verlauf einer langjährigen Berufserfahrung gewinnen kann.

Häufig kommt die Erfahrung in den Führungs- und Management-Positionen zum Einsatz, da hier die Kandidaten oftmals bereits im vorherigen Job ihr Interesse für diese Verantwortungen entdeckt haben. Darüber hinaus bringen sie zumeist auch schon aufgrund einer bestätigten Eignung ihre ersten praktischen Erfahrungen mit. Seitens der Unternehmen besteht immer ein großes Interesse an diesen Kandidaten, die ihre Grundausbildung in Führungsverhalten oder Management auf Kosten des vorherigen Arbeitgebers genossen haben und erste Erfolge vorzeigen können. Da ist man auch gerne bereit, ein angemessenes Gehalt zu zahlen.

Aufgrund der demografischen Entwicklung und dem dadurch immer weiter ansteigenden Alter der Belegschaften gibt es inzwischen jedoch immer mehr Initiativen und zukunftsinteressierte Unternehmen, die sich die Zeit nehmen, die Entwicklung einzelner Eigenschaften älterer Angestellter genauer zu betrachten und ein sog. Age Management betreiben.

Personalabteilungen bemühen sich mittlerweile um ein besseres Verständnis bezüglich der unterschiedlichen Ansprüche jüngerer und älterer Mitarbeiter. Sie haben festgestellt, dass viele Mitarbeiter der gehobeneren Jahrgänge durch mangelnde Anerkennung demotiviert sind. Da gerade diese erfahrenen Kollegen ein immer wichtigeres Standbein in der Personalplanung werden, befasst man sich mit der Frage, wie ältere Angestellte besser gefördert, entwickelt und ihren Ansprüchen gemäße Rahmenbedingungen geschaffen werden können.

Die Ergebnisse dieser Betrachtungen zeigen ein differenziertes Bild und dürften eigentlich keinen von uns überraschen!

FEEL GOOD!

Pluspunkte erfahrener Mitarbeiter im täglichen Arbeitsverhalten

- Sie verfügen allgemein über eine **höhere Sozialkompetenz**, denn durch jahrelanges Training im Umgang mit Menschen (Gruppen, Konflikten, Situationen jeder Art) haben sie diese Fähigkeit geschult. Dadurch bringen Ältere ein **größeres Verständnis für Mitmenschen** mit, da sie selbst schon viele Situationen unmittelbar oder mittelbar erlebt haben und auch einmal jung waren. Als Resultat verfügen sie desgleichen über eine **bessere Menschenkenntnis.**
- Ältere Mitarbeiter verfügen über ein **stabileres, langjährig gewachsenes soziales Netzwerk in ihrer Branche.** Sie grübeln oftmals nicht lange über einem Problem, sondern rufen jemanden an, der die Lösung kennt.
- Ältere Mitarbeiter sind **großzügiger in der Wissens- und Erfahrungsvermittlung.** Da sie nicht mehr die eigenen Karriereziele vor Augen haben, suchen sie weniger den egoistischen Vorteil durch Informationsvorsprung, sondern wollen durch das Weitergeben ihrer Kenntnisse und Erfahrungen ihren Beitrag leisten und Anerkennung erhalten.
- Sie haben eine **höhere emotionale Stabilität** als Resultat eines Reifungsprozesses der Persönlichkeit und gesammelter Erfahrungen. Sie wissen einfach aus Erfahrung, »dass nichts so heiß gegessen wird, wie es gekocht wurde.«
- Generell bieten sie ein **geringeres Konfliktpotenzial**, da man mit steigendem Lebensalter über eine höhere Selbstbeherrschung verfügt und im Allgemeinen auch selbst grundsätzlich respektvoller behandelt wird.
- Erfahrene Mitarbeiter bringen ein **größeres Verständnis für Berufs- und allgemeine Lebenssituationen** aufgrund des langjährigen Erfahrungsschatzes mit.
- **Sie zeigen einen souveräneren Umgang mit Misserfolgen**, denn sie wissen aus Erfahrung, dass es nach einem Tief immer wieder aufwärtsgeht. Es ist ihnen vertraut, dass Arbeitserfolge immer auch von Misserfolgen begleitet werden, weshalb sie frustrationstoleranter sind als jemand, der diese Erfahrung noch nicht kennt.
- **Sie bleiben gelassener in kritischen Situationen**, weil sie aufgrund ihrer Erfahrung einfach wissen, dass überall »Trommeln zum Geschäft gehört« und man sich nicht zu sehr davon beeindrucken lassen sollte.
- **Im Umgang mit Kollegen treten sie professioneller auf**, da sie wissen, dass man sich nicht lieben, sondern »nur« gut zusammenarbeiten muss. Durch dieses Wissen können sie viel unbefangener an die Arbeit gehen.

- **Pluspunkte älterer Arbeitnehmer in der Loyalität und durch ein stabiles soziales Umfeld**

Im Alter um die 40 und älter sind im persönlichen Umfeld meist einige Dinge geordnet und »abgehakt«: So haben Sie beispielsweise entweder schon Kinder oder die Entscheidung gegen Kinder ist getroffen worden. Zumindest reduziert sich für Arbeitgeber das Risiko eines Ausfalls durch Schwangerschaft oder Elternzeit erheblich.

Generell gehören Sie noch der Generation an, für die Loyalität zum Arbeitgeber sich in längerer Betriebszugehörigkeit ausdrückt. Sie wechseln grundsätzlich nicht so schnell die Jobs, wie es für die heute Jüngeren selbstverständlich ist.

Durch die eher fest abgesteckten Rahmenbedingungen in gehobenerem Alter ist auch die Wahrscheinlichkeit einer baldigen Kündigung des neuen Arbeitnehmers durch Wohnortwechsel oder aufgrund weiterer Karriereschritte unwahrscheinlicher als bei jüngeren Arbeitnehmern. Bleibt im privaten Umfeld durch Familie, Haus und Freunde alles stabil, neigen wir dazu, es dabei zu belassen.

Die oben genannten Argumente wiegen für einen Arbeitgeber schwer, denn neue Mitarbeiter, die innerhalb der ersten Jahre wieder das Unternehmen verlassen, bedeuten enorme Kosten im Personalbudget. Diese sog. **Fluktuationskosten** setzen sich zusammen aus folgenden Posten:

- Beschaffungsprozess durch Personalabteilung (Stellenprofil/-anzeige entwickeln, Bearbeitung eingehender Bewerbungen, Führen von Interviews, Auswahl der neuen Mitarbeiter, Vertragsgestaltung),
- Zeitinvestition der beteiligten Mitarbeiter der Fachabteilung,
- Inseratskosten (Printanzeigen oder Internet),
- evtl. Honorar für Personalberater,
- Einarbeitung neuer Mitarbeiter, Trainingskosten,
- Produktivitätsverlust durch Einarbeitung,
- evtl. Makler- und Umzugskosten, Reisekosten,
- Kosten durch doppelte Gehalte bei Überlappung (der alte Mitarbeiter ist noch da, während der neue Kollege eingearbeitet wird) oder
- Ausfall bei zeitlicher Lücke (der alte Mitarbeiter ist schon weg und die Stelle ist einige Zeit nicht besetzt).

Geht man nach der Einstellung des neuen Mitarbeiters realistisch von einem Einarbeitungszeitraum von einem halben bis ganzen Jahr aus, bevor der Mitarbeiter wirklich produktiv ist, wird die Dimension der Kosten noch deutlicher: Nach einer Erhebung des Statistischen Bundesamtes bezahlten Arbeitgeber im Jahr 2012 in der deutschen Privatwirtschaft im Durchschnitt 30,70 € für eine geleistete Arbeitsstunde.

Dieser Betrag setzt sich zusammen aus Bruttolohn und Lohnnebenkosten, womit in Deutschland im Jahr 2012 die Arbeitskosten um 32% höher als im EU-Durchschnitt lagen. Insgesamt lag Deutschland im EU-weiten Vergleich auf Platz 8 nach Schweden (41,90€),

Belgien (40,40€), Dänemark (39,50€), Frankreich (34,90€), Luxemburg (34,40€), Niederlande (31,30€), Finnland, 31,10€). Quelle: Statistisches Bundesamt, Wiesbaden 2014, in Kooperation mit eurostat: Europa in Zahlen/Arbeitsmarkt.

Interessanterweise sind jedoch die Lohnnebenkosten im Vergleich gesunken. Lohnnebenkosten beschreiben die Summe der Sozialbeiträge der Arbeitgeber, also vor allem die gesetzlichen Arbeitgeberbeiträge zu den Sozialversicherungen, die Aufwendungen für die betriebliche Altersversorgung sowie die Aufwendungen für die Lohn- und Gehaltsfortzahlungen im Krankheitsfall.

AHA-INFOS

Deutschland lag im Jahr 2012 mit 27 € Lohnnebenkosten pro 100 € Bruttoverdienst unter dem europäischen Durchschnitt von 32 € pro 100 € und rangierte somit auf Platz 16 im europäischen Vergleich (im Jahr 2009 lag Deutschland auf Platz 8). Quelle: Eigene Berechnungen des Statistisches Bundesamtes auf Basis von Eurostat, Online-Datenbank vom 20. März 2013.

Die Summe dieser Kosten schnellt leicht in eine Höhe von mehr als einem Jahresgehalt. Hinzu kommt, dass die Neueinstellung für den Arbeitgeber nicht immer eine Verbesserung der Situation garantiert, sondern zusätzlich noch das Risiko einer Fehlbesetzung birgt, mit dem Ergebnis, dass der gesamte Prozess erneut angestoßen werden muss.

Hier bringen Sie eindeutig den Vorteil mit, dass Ihr neuer Arbeitgeber auf Dauer auf Sie zählen kann und – vorausgesetzt Sie bringen die Eignung für den Job mit – nicht bald wieder eine »Lücke stopfen« muss.

1.3 Verabschiedung von einer falschen Einstellung

FEEL GOOD!

All dieser beschriebenen Vorteile sollten Sie sich bewusst sein und sie souverän hervorheben! Vergessen Sie die kursierende Meinung: »Mit 40 wird das Bewerben schwer und mit 50 gehört man zum alten Eisen«. Diese Haltung erschwert Ihnen unnötig das Leben und bringt Sie in eine Denkrichtung, die unproduktiv und belastend ist.

Darüber hinaus birgt sie auch eine echte Gefahr: Wer das Lebensalter als Ursache für erfolglose Bewerbungen annimmt, wird hilflos – denn an der Tatsache des eigenen Geburtsdatums lässt sich nun mal nichts ändern. Wenn dann das Alter auch zur Entschuldigung für die Erfolglosigkeit akzeptiert wird, hat man vor sich und der Arbeitswelt schon verloren!

Sie sollten absolut frei von dieser Einstellung sein, denn wer einmal – auch nur ansatzweise – dieser Denkrichtung folgt, verinnerlicht ein falsches Bild von sich selbst und vermarktet sich dann auch unvorteilhaft in der Bewerbung. Oder wollen Sie im Vorstellungsgespräch sitzen und der gängigen Meinungen zustimmen, nämlich dass Sie älter und teurer, nicht mehr so schnell und flexibel und öfter krank als Jüngere sind? Wo läge da der Gewinn Sie einzustellen? Würden Sie sich selbst einstellen?

Also streichen Sie diese Gedanken bitte komplett aus Ihrem Hinterkopf! Erst wenn Sie diesen Schritt für sich selbst vollzogen haben, werden Sie in der Lage sein, auch Ihren Gegenüber von Ihrer Qualität zu überzeugen.

Mit Ihrer neuen Sichtweise können Sie sich in das große Puzzle des Arbeitsmarktes als Puzzle-Stückchen mit der Betonung auf zwei Eigenschaften integrieren:

- **Sie sind ein erfahrenes Puzzle-Stück**

Sie haben durch Ihre langjährigen Kenntnisse und Erfahrungen ein ganz spezielles Fachprofil erlangt, welches Sie in der Arbeitswelt einzigartig macht. Darüber hinaus verfügen Sie aber über weitreichende Berufs- und Lebenserfahrung, die eine breite Basis für viele Einsatzmöglichkeiten bietet. Sie sind also im übertragenen Sinne ein hochwertiges Puzzle-Stück, das im richtigen Rahmen höchste Qualität bietet. Die Herausforderung Ihrer Bewerbung wird es also sein, Ihr Profil herauszuarbeiten und jeweils die passende Facette Ihres Gesamtbildes für die angestrebte Lücke im großen Puzzle anzubieten.

- **Sie sind ein selbstbewusstes Puzzle-Stück**

Gehen Sie mit einem gesunden Selbstwertgefühl an Ihre Bewerbung! Denn was bedeutet es, sich im fortgeschrittenen Alter mit längerer Berufserfahrung zu bewerben? Für den Arbeitgeber bringt es eindeutige Vorteile. Sie bringen dem neuen Arbeitgeber vielseitige fachliche Erfahrungen, Routine im Tagesgeschäft, breite Kenntnisse und dadurch ein tieferes Verständnis mit!

DO IT!

Zusammenfassung

Lösen Sie sich von dem Gedanken, dass Sie mit einem Lebensalter über 40 Jahren für den Arbeitsmarkt weniger interessant sind. Ihr Profil ist aufgrund Ihrer Erfahrungen sehr viel fundierter und spezieller geworden. Dies bedeutet, dass Sie etwas mehr Anstrengung unternehmen müssen, um Ihre optimale Lücke im Arbeitsmarkt zu finden, allerdings werden Sie diese dann ideal ausfüllen und Ihr persönlicher Wert ist dort umso höher. Sie sind aufgrund Ihrer langjährigen Berufserfahrung ein wertvoller Mitarbeiter mit breitem Fachwissen und Spezialkenntnissen, Souveränität in allgemeinem Arbeitsverhalten und können einem neuen Arbeitgeber eine langfristige Perspektive anbieten!
Mitarbeiter ab dem mittleren Lebensalter bringen zahlreiche Pluspunkte für ihre Arbeitgeber: Glauben Sie an Ihre Vorzüge, dann können Sie Ihr Gegenüber auch davon überzeugen!

Legen Sie die Eckpfeiler für Ihre neue Beschäftigung fest

A. Eggert, *Ab 40 bewirbt man sich anders,*
DOI 10.1007/978-3-642-41171-7_2,

DO IT!

Auf der Suche nach der neuen Tätigkeit sollten Sie zunächst die Chance nutzen, die ideale Version als Ziel vor Augen zu haben. Es mag auf den ersten Blick banal klingen, aber wissen Sie denn genau, welche Beschäftigung optimal zu Ihnen passt?

Die Suche nach dem idealen Job führt allgemein zu einem »Ja« auf folgende Fragen

1. Erfüllt er Ihre finanziellen Erwartungen?
   - Möglichst eine Gehaltssteigerung zum bisherigen Job
   - Ausreichende Sicherheit durch fixes Gehalt
   - Anreize durch variables Gehalt
   - Boni
   - 13. Monatsgehalt
   - Sonderzahlungen
2. Erfüllt er die Rahmenbedingungen?
   - Arbeitszeit (Voll-, Teilzeit, geregelte Arbeitszeit, Schicht-, Nachtarbeit)
   - Außendienst, viele Dienstreisen oder immer an einem Standort
   - Entfernung vom Wohnort (wie weit darf der Arbeitsplatz maximal weg sein)
   - Erreichbarkeit (auch mit öffentlichen Verkehrsmittel zu erreichen)
   - Arbeitsumgebung (Büro, im Freien, immer unterwegs bei Kunden, auf Dächern)?
3. Passt das soziale Umfeld zu Ihnen?
   - Kleiner Betrieb, Mittelstand, Großkonzern, Staat als Arbeitgeber
   - Kein Kundenkontakt oder direkter Kundenkontakt
   - Arbeit mit Kollegen, Kindern, Kranken, Senioren
4. Bringt der Job Ihnen die gewünschte Anerkennung?
   - Angesehener Beruf
   - Attraktiver Arbeitgeber
   - Karriere
   - Statussymbole wie z. B. Dienstwagen, Titel, Geschäftsreisen
5. Erfüllt Sie die Aufgabe und können Sie sich darin selbst verwirklichen?
   - Wie sehen Ihre Interessen aus und wo können Sie diese optimal umsetzen?
   - Wo liegen Ihre Stärken und Schwächen?
   - Wie können Sie Ihre berufliche Qualifikation ideal umsetzen?
   - Wo ist Ihr Spezialwissen besonders gefragt?
   - Was wünschen Sie sich von Ihrem nächsten Job?

Die Fragen 1–4 sind relativ leicht zu beantworten, denn meistens sind diese Eckpfeiler aus Gewohnheit relativ stabil für die Jobsuche.

Allerdings bringt ein Jobwechsel immer auch die Chance mit sich, gewohnte Pfade zu verlassen und einmal etwas Neues kennenzulernen. Um zu realistischen Erwartungen zu gelangen, sollte man die Marktsituation genau studieren und auch die vermeintlich schnell zu beantwortenden Fragen genauer betrachten.

2.1 Die finanziellen Erwartungen an Ihren neuen Job

Für Ihre finanziellen Überlegungen ist es ausschlaggebend, ob Sie sich als Leistungsträger aus einem gesicherten Arbeitsverhältnis heraus bewerben oder momentan ohne Alternativen auf eine Anstellung angewiesen sind.

2.1.1 Bewerbung aus der Sicherheit heraus

Idealerweise sollte eine Veränderung des Arbeitgebers mit einer Verbesserung des Gehalts einhergehen – wenn dies nicht sogar der Motor für die Bewerbung ist. Bei einem Arbeitgeberwechsel aus einem gesicherten Arbeitsverhältnis heraus dient dies als Anreiz, eine (heutzutage oft vermeintliche) Sicherheit aufzugeben. Gemeint ist der Schutz, den eine längere Betriebszugehörigkeit ihren Angestellten bietet. In größeren Unternehmen werden bei betriebsbedingten Kündigungen Sozialpläne erstellt, wodurch Mitarbeiter nach Alter, Ehestand, Kindern und Dauer der Betriebszugehörigkeit in eine Rangreihe der Schützenswürdigkeit gebracht werden. Ist ein Mitarbeiter sehr neu in einem Unternehmen, kann ihm innerhalb der ersten sechs Monate noch leicht gekündigt werden und anschließend ist er als »Neuer« auf dieser Sozialplanliste noch sehr weit unten, wodurch er im Vergleich mit anderen Mitarbeitern weniger vor einer Entlassung geschützt ist.

Dieses persönliche Risiko dürfen Sie sich mit einer ca. 10%igen Steigerung des Bruttogehalts belohnen lassen. Auch wenn im Jahr 2010 ca. ⅓ der europäischen Unternehmen die Gehälter auf Vorjahresniveau eingefroren hatten, sind die Bruttogehälter in den Jahren 2011 in Deutschland durchschnittlich um 4,7%, in 2012 um 4,2 % und in 2013 um 3% gestiegen (Quelle: Statista: Veränderung der Bruttolöhne und -gehälter in Deutschland bis 2013). Sie können diese deutliche Steigerung anstreben, denn für Sie als neuen Mitarbeiter ist das Risiko in dieser Zeit, wo viele Angestellte noch die Sicherheit vorziehen, umso größer.

Selbst in Krisenzeiten steigern gerade die Leistungsträger der Unternehmen ihre Gehälter oftmals, denn ihre Fachkenntnisse sind gerade dann besonders für den Erhalt des wirtschaftlichen Erfolgs wichtig. Führungskräfte haben beispielsweise die Möglichkeit, sich AHA-INFOS durch das Aufzeigen von Einsparungspotenzialen als wertvolle Mitarbeiter auszuzeichnen. Im Rahmen von betriebsbedingten Kündigungen wäre darüber hinaus eine Trennung von diesen gut bezahlten Kollegen mit hohen Abfindungszahlungen verbunden, die das Budget des Arbeitgebers zusätzlich belasten würden. Zumal Personalabbau oftmals auch eine konkrete Anzahl von abzubauenden »Mitarbeiter-Köpfen« als Vorgaben hat. Diese Zahl gilt es dann mit möglichst geringen Kosten zu erreichen, wodurch die Mitarbeiter mit kleineren Gehältern schnell in den Fokus der Einsparung geraten.

Häufig schreibt die Geschäftsführung ihrem Unternehmen für das bestehende Personal hinsichtlich der Gehaltserhöhungen Grenzen vor, die bis hin zu Nullrunden in außertariflichen Bereichen gehen können. Von diesen Regelungen sind Neueinstellungen zumeist nicht konkret betroffen, bzw. sie können durch eine gute Argumentation bei der Einstellung umgangen werden.

Allerdings haben sich zukunftsorientierte Unternehmen bereits von dieser Haltung verabschiedet. Da mittlerweile der sog. »War for Talents« in einigen Branchen in vollem Gange ist und viele Unternehmen bereits unter einem deutlichen Fachkräftemangel leiden, sind einzelne, vorausschauende Arbeitgeber bereits dazu übergegangen, ihre Gehälter für die Belegschaft, früher als vereinbart und möglichst öffentlichkeitswirksam, zu erhöhen. Als Argument für diese Maßnahme geben sie an, dass sich ihre Wirtschaftslage deutlich verbessert habe und sie sich auf diese Weise bei ihren Mitarbeitern bedanken wollten, die ihnen das Überleben in der Krise gesichert haben. Mit diesem Schachzug wird nicht nobel vergangenes Verhalten gewürdigt, sondern aus purem Kalkül zukünftigen Personal-Abwanderungen entgegengewirkt.

Personalberater in Deutschland sind sich einig, dass Unternehmen, die es jetzt versäumen, geeignete Mitarbeiter einzustellen, dies schon im nächsten Jahr bereuen werden. Sie raten den Arbeitgebern, heute schon die Kandidaten einzustellen, die in einigen Monaten gebraucht werden, um nicht das Nachsehen an einem leer gefegten Markt zu haben.

Offensichtlich ist der Zeitpunkt für Personalakquisitionen auch nicht schlecht. Personalberater verzeichnen ein deutlich gestiegenes Interesse an Jobangeboten und Wechselwilligkeit bei Kandidaten. Diese langsame Abkehr von der Sicherheit resultiert aus den teilweise unbefriedigenden Erfahrungen, die das eigene Unternehmen im Umgang mit der Krisenzeit gezeigt hat. Außerdem steht der eigenen Stagnation im Job eine mögliche Perspektive »draußen« im Markt gegenüber, die sehr bald verlockende Chancen bieten wird. Nach den Jahren des relativen Stillstands beim Gehalt, bei gleichzeitigen Preissteigerungen im privaten Konsum, wird der Wunsch nach neuen Herausforderungen und wirtschaftlicher Weiterentwicklung zu einer wichtigen Antriebsfeder.

Arbeitgeber mit vorausschauender Personalpolitik zur Erhaltung der strategischen Wettbewerbsfähigkeit des Unternehmens zahlen

Ihnen lieber heute das geforderte Gehalt, als in einigen Jahren das Vielfache investieren oder ganz ohne Sie auskommen zu müssen.

2.1.2 Bewerbung ohne gesicherten Arbeitsplatz

DO IT!

Sind Sie jedoch in der komplett anderen Situation, ungewollt einen neuen Job zu suchen, haben Sie zeitlich nur sehr begrenzt die Möglichkeit, so fordernd zu agieren.

Sollten Sie feststellen, dass Ihre Gehaltswünsche zum Hindernis für Ihre Einstellung werden, sollten Sie sehr bald schon von der Haltung abrücken, dass Ihr bisher erzieltes Gehalt ein Meilenstein ist, den Sie erreicht haben und von dem es kein Zurück gibt! Leider sind die Zeiten einer stetigen Weiterentwicklung des Gehalts durch die allgemeine wirtschaftliche Entwicklung gestoppt worden und werden wohl auch nicht mehr in der Form wiederkehren.

Darum empfiehlt es sich, die Gehaltsthematik von der anderen Seite anzugehen. Stellen Sie sich die Frage, wie viel Geld Sie benötigen, um Ihren Lebensstandard zu halten. Von diesem Limit aus betrachtet kennen Sie Ihre Mindestanforderung an das neue Gehalt und betrachten jede darüber hinausgehende Zahl als Gewinn aus der Situation!

Diese Anpassungsfähigkeit an die jeweilige wirtschaftliche Situation des Marktes verdeutlicht dem neuen Arbeitgeber, dass Sie angemessen reagieren können. Betrachten Sie es als Investition in den richtigen Job mit der guten Perspektive, sich wieder in vertraute Gehaltsregionen entwickeln zu können.

Bedenken Sie: Ein kleiner Schritt zurück für den Moment kann einen großen Schritt für Ihre berufliche Zukunft bedeuten!

Aus meiner Beratungstätigkeit sind mir einige Fälle bekannt, in welchen sich Bewerber zunächst für ihren gelernten Job interessierten, aber wegen zu niedriger Gehaltsangebote seitens der Arbeitgeber keine Arbeitsverträge annahmen. Enttäuscht von dieser Ausnutzung ihrer Situation bewarben sie sich schließlich in geringer bezahlten Berufsfeldern, um dort zwar ein für die Tätigkeit angemessenes aber insgesamt geringeres Gehalt zu bekommen. Natürlich ist das im ersten Moment fairer, aber wo bleibt da die Perspektive? Diese Entscheidung bedeutet eine Weichenstellung in eine auf Dauer niedrigere Gehaltsentwicklung!

So erhielt beispielsweise eine ehemalige Vertriebskauffrau nach der Elternzeit bei Wiedereintritt in den Arbeitsmarkt verschiedene unangemessen niedrig bezahlte Angebote im Versicherungsbereich. Sie war frustriert über diese Art der Ausnutzung und wollte sich so nicht behandeln lassen. Als wir uns zu einer Bewerbungsberatung zusammensetzten, war sie bereits mitten in der Bewerbungsphase für Positionen im Empfangsbereich. Adieu über 10 Jahre aufgebautes Fachwissen, adieu Gehaltsperspektive!

2.1.3 Einstieg über atypische Arbeitsverhältnisse

Deutschland hatte im 4. Quartal 2013 mit 42,52 Millionen so viele Erwerbstätige wie noch nie. Quelle: Statistisches Bundesamt: Pressemitteilung Nr.053 vom 18.02.2014 Dabei hat in den vergangen 20 Jahren die Zahl der geleisteten Stunden pro Arbeitnehmer stetig abgenommen.

AHA-INFOS

Als Normalarbeitsverhältnisse werden solche Beschäftigungen angesehen, die voll sozialversicherungspflichtig sind, mindestens die halbe der üblichen vollen Wochenarbeitszeit abdecken (>20 Stunden pro Woche) und dabei einen unbefristeten Arbeitsvertrag als Grundlage haben. Auch ist der Arbeitsplatz des Arbeitnehmers direkt in dem Unternehmen, mit dem er einen Arbeitsvertrag hat.

Atypische Beschäftigungsverhältnisse erfüllen diese Kriterien nicht. Deshalb gehören in diese Kategorie die Zeitarbeit, Teilzeitbeschäftigungen mit 20 oder weniger Stunden Wochenarbeitszeit, geringfügige Beschäftigungen sowie befristete Arbeitsverträge.

Auch in dieser Fragestellung entwickelt sich der Arbeitsmarkt in Deutschland hin zu mehr Flexibilität. So hat das Statistische Bundesamt festgestellt, dass der Umfang atypischer Beschäftigungen bis 2009 deutlich zugenommen hatte und seitdem stagniert, bzw. leicht rückläufig ist. Im Jahr 2012 waren immerhin 21,8 % der Arbeitnehmer in einem solchen atypischen Beschäftigungsverhältnis angestellt, wobei hier der Frauenanteil mit 33 % besonders hoch war. Quelle: Statistische Bundesamt: Pressemitteilung »Mehr Jobs, aber auch mehr Armut – Datenreport 2013 erschienen« vom 26. November 2013–400/13.

Per Definition gehört also auch das Thema Teilzeit mit unter 20 Stunden Arbeit in die Kategorie atypische Beschäftigungen.

Laut Statistischem Bundesamt waren im Jahr 2012 etwa 13,8% aller abhängig Beschäftigten in Deutschland in einem Teilzeitarbeitsverhältnis mit 20 Stunden oder weniger pro Woche angestellt. Das waren immerhin mehr als 5 Mio. Personen.

Natürlich gibt es viele gute Gründe für die Entscheidung, eine Teilzeitbeschäftigung auszuüben. An oberster Stelle stehen familiäre oder andere Betreuungspflichten, wodurch Teilzeittätigkeiten hauptsächlich durch Frauen im Alter von 35–54 Jahren ausgeübt werden. (45,6 % der erwerbstätigen Frauen arbeiteten in Teilzeit) (Statistisches Bundesamt, Pressemitteilung Nr. 285 vom 28.08.2013).

Allerdings gaben bei der Erhebung des Statistischen Bundesamtes aber auch 27% der geringfügig Beschäftigten an, auf der Suche nach einer umfangreicheren Tätigkeit zu sein. Für diesen Personenkreis ist demnach die Frage nach den finanziellen Erwartungen noch nicht zufriedenstellend gelöst – aber sie haben die zukunftsorientierte Entscheidung getroffen, den berühmten »Fuß in der Tür zu haben« und sich dadurch eine Perspektive geschaffen.

DO IT!

Zusammenfassend sollten Sie aus diesen Fakten Folgendes für Ihre Gehaltsvorstellungen berücksichtigen

- Bei einer Bewerbung aus einer gesicherten Position heraus, dürfen Sie sich das Risiko eines Arbeitgeberwechsels bezahlen lassen. Bescheidenheit ist hier fehl am Platz, denn ein Leistungsträger mit zu niedrigem Gehalt ist unglaubwürdig
- Seien Sie flexibel in der Gehaltsfrage, wenn Sie einen bestimmten Jobinhalt fachlich ausfüllen können und gerne ausführen wollen – ein Wechsel in ein anderes, niedriger eingestuftes Berufsbild ist keine Alternative!
- Im Arbeitsmarkt nehmen atypische Arbeitsverhältnisse immer mehr Raum ein und Sie sollten zumindest einem Einstieg über den Weg Teilzeit, Zeitarbeit, befristete Arbeitsverhältnisse offen gegenüberstehen

2.2 Die festen Rahmenbedingungen um Ihren Job herum

Entwickeln Sie im Vorfeld genaue Vorstellungen über einige Kriterien und legen Sie diese wie eine Schablone über interessante Stellenangebote. Beantworten Sie für sich folgende Fragen:

- Wie viele Kilometer möchte/kann ich maximal zur Arbeit fahren?
- Müssen öffentliche Verkehrsmittel verfügbar sein?
- Suche ich feste Arbeitszeiten, Gleitzeit, Schichtarbeit, Nachtarbeit?
- Wünsche ich mir einen Arbeitsplatz in geschlossenen Räumen, im Freien oder möchte ich hauptsächlich mobil unterwegs sein?

Diese Fragen lassen sich oftmals sehr schnell aus dem erlernten Beruf und der bisherigen Erfahrung beantworten. Oder aber Sie haben sich weiterentwickelt und es ist Zeit für eine Veränderung, sodass Sie mit etwas Mut für Neues den Rahmen neu stecken wollen?

AHA-INFOS

Da die meisten dieser Faktoren ganz subjektive Einschätzungen sind, die nur durch Ihre persönliche Situation bestimmt werden, gibt es hierzu keine eine Richtlinie.

Lediglich zur Frage nach der Entfernung vom Wohnort zum Arbeitsplatz gibt uns das Sozialgesetzbuch III Arbeitsförderung, § 121 Zumutbare Beschäftigungen, eine Hilfe bei der Eingrenzung. Es definiert die Zumutbarkeit für den Arbeitsweg folgendermaßen: Als unverhältnismäßig lang sind im Regelfall Pendelzeiten von insgesamt mehr als drei Stunden, bei einer Arbeitszeit von mehr als sechs Stunden und Pendelzeiten von mehr als 2½ Stunden, bei einer Arbeitszeit bis zu 6 Stunden anzusehen. Sind in einer Region unter vergleichbaren Arbeitnehmern längere Pendelzeiten üblich, bilden diese den Maßstab.

2.3 Das soziale Umfeld in Ihrem Job

DO IT!

Dies ist ein nicht zu unterschätzender Faktor für Ihre Zufriedenheit bei der Arbeit. Sie können Ihr direktes Umfeld grundsätzlich beeinflussen, indem Sie folgende Kategorien bei der Jobwahl suchen oder ablehnen:

- Direkter Kundenkontakt zu Privatpersonen,
- direkter Kundenkontakt zu Geschäftspersonen,
- Kontakt lediglich zu Kollegen,
- Lieferanten- und Partnerkontakte,
- Arbeit mit Kindern,
- Arbeit mit kranken Menschen,
- Arbeit mit alten Menschen oder
- keine direkten Kontakte zu Menschen.

2.4 Soziale Anerkennung durch den Job

2.4.1 Das Ansehen des Berufs

AHA-INFOS

Da der Beruf in unserer Gesellschaft zur sozialen Identität beiträgt, die alle Menschen möglichst positiv erleben möchten, hat das Image des gewählten Berufs große Bedeutung.

Die Anerkennung, die wir durch die Ausübung eines Berufsbilds oder eine erreichte Karrierestufe erfahren, sind demzufolge wichtige emotionale Triebfedern bei der Berufswahl – leider. Denn gerade im Bereich der Berufsausbildung führt dieses Verhalten dazu, dass sich Jugendliche durch Trends und kurzfristige Klischees, wie sie beispielsweise durch Fernsehserien vermittelt werden, bei der Suche nach dem geeigneten Ausbildungsberuf eher oberflächlich für maximal 10% der ca. 350 vorhandenen Berufsbilder interessieren. Wenn dann gerade eine »angesagte« Fernsehserie eine Heldin oder einen Helden in einem bestimmten Beruf zeigt, wird dieser dadurch plötzlich attraktiv und die Jugendlichen sehen sich selbst gerne in dieser Berufs-Rolle in Verbindung mit den damit assoziierten Eindrücken aus dem Film.

In der Presse erscheinen jedes Jahr neue Darstellungen über besonders attraktive Berufe in Deutschland. Um die Beliebtheit eines Berufsbildes zu ermitteln, gibt es jedoch verschiedene Vorgehensweisen, wodurch unterschiedliche »Wahrheiten« entstehen.

Tab. 2.1 Rangfolge nach absoluten Neueinsteigern in den Ausbildungsberuf

1	Kaufmann/-frau im Einzelhandel (absolut am häufigsten besetzter Ausbildungsplatz in Deutschland 2013)	27.006
2	Verkäufer/-in	25.872
3	Kraftfahrzeugmechatroniker/-in	19.290
4	Bürokaufmann/-frau	19.056
5	Industriekaufmann/-frau	18.951
6	Kaufmann/-frau im Groß- und Außenhandel	14.967
7	Medizinische/-r Fachangestellte/-r	13.875
8	Industriemechaniker/-in	13.563
9	Bankkaufmann/-frau	13.263
10	Zahnmedizinische/-r Fachangestellte/-r	12.099

Quelle: Bundesinstitut für Berufsbildung (BIBB): »Neu abgeschlossene Ausbildungsverträge zum 30.09.13«, Erhebung 2014.

Nehmen wir die Anzahl neu abgeschlossener Ausbildungsverträge in Deutschland als Maß für die Beliebtheit bei den Ausbildungsberufen, kommen wir für das Jahr 2013 zu folgender Interpretation (Tab. 2.1):

In diesen 10 Ausbildungsberufen summieren sich ein Drittel aller neu abgeschlossenen Ausbildungsverträge!

Betrachten wir aber das Verhältnis zwischen den angebotenen offenen Stellen eines Ausbildungsberufs und der jeweiligen Nachfrage auf die Stellen, entsteht ein anderes Bild (Tab. 2.2).

Sie sehen also, wie die Betrachtungsweise unterschiedliche Ergebnisse liefert, die dann in der Presse kursieren und immer gerne unkritisch als »die Wahrheit über die Beliebtheit der Berufe« verkauft werden. Unabhängig davon birgt die Konzentration auf Top-Ten-Berufe immer die Gefahr, die große Vielfalt der Berufsmöglichkeiten zu übersehen.

Dem gegenüber stehen **offene Ausbildungsplätze**, die bis zum Schluss **unbesetzt** bleiben und wo mittlerweile echter Nachwuchsmangel herrscht (Tab. 2.3).

Es gibt seit 2009 zahlreiche Bemühungen des Bundesinstituts für Berufsbildung (BIBB), Jugendlichen über Förderungen in der Berufsorientierung, das breite Angebot derzeitiger Ausbildungen aufzuzeigen. In der Arbeitsmarktberichterstattung der Arbeitsagentur vom Februar 2014 wird festgestellt, dass der Frauenanteil mit 14 % an den sog. **MINT-Berufe** (Mathematik, Informatik, Naturwissenschaften und Technik) immer noch zu gering ist, da hier in Zukunft ein großer Bedarf bestehen wird.« Auf der Homepage der Bundesagentur für Arbeit

2

Tab. 2.2 Top Ten der Ausbildungsberufe nach relativem Vergleich Angebot – Nachfrage

1	Tierpfleger/-in	Bei 670 Angeboten im Bundesgebiet gab es 1.240 offiziell registrierte Nachfrager/-innen
2	Gestalter/-in für visuelles Marketing	Bei 707 Angeboten im Bundesgebiet gab es 1.135 offiziell registrierte Nachfrager/-innen
3	Mediengestalter/-in Bild und Ton	Bei 628 Angeboten im Bundesgebiet gab es 997 offiziell registrierte Nachfrager/-innen
4	Fotograf/-in	Bei 791 Angeboten im Bundesgebiet gab es 1.110 offiziell registrierte Nachfrager/-innen
5	Medingestalter/in Digital und Print	Bei 3.931 Angeboten im Bundesgebiet gab es 5.294 offiziell registrierte Nachfrager/-innen
6	Reiseverkehrskaufmann/-frau	Bei 578 Angeboten im Bundesgebiet gab es 762 offiziell registrierte Nachfrager/-innen
7	Informations- und Telekommunikationssystem-Elektroniker/-in	Bei 1.954 Angeboten im Bundesgebiet gab es offiziell 2.561 registrierte Nachfrager/-innen
8	Sport und Fitness Kaufmann/-frau	Bei 2.056 Angeboten im Bundesgebiet gab es 2.632 offiziell registrierte Nachfrager/-innen
9	Veranstaltungskaufmann/-frau	Bei 2.023 Angeboten im Bundesgebiet gab es 2.584 offiziell registrierte Nachfrager/-innen
10	Bürokaufmann/-frau	Bei 21.663 Angeboten im Bundesgebiet gab es offiziell 27.203 registrierte Nachfrager/-innen

Quelle: Bundesinstitut für Berufsbildung (BIBB): Datenreport zum Berufsbildungsbericht 2012

werden sogar als themenbezogene Suchmöglichkeit die MINT-Berufe angeboten, da hier Fachkräfte besonders gesucht werden.

Im September 2013 fehlten laut dem Institut der deutschen Wirtschaft Köln in Deutschland knapp 65.000 MINTler mit Berufsbildungsabschluss. Im akademischen Bereich ist der Fachkräftemangel im MINT-Bereich nicht neu – hier fehlten der Wirtschaft rund 63.000 Absolventen in 2013.

In Verbindung mit demografischen Entwicklungen und dem rentenbedingten Ausscheiden von Mitarbeitern in den nächsten Jahren stehen deutsche Wirtschaftsunternehmen hier vor einer ausgesprochen bedrohlichen Situation.

Tab. 2.3 Top Ten unbesetzter Ausbildungsplätze

	Ausbildungsplätze als	Unbesetzte Ausbildungsplätze
1	Restaurantfachmann/-frau	Bei 6.225 Angeboten im Bundesgebiet gab es 5001 offiziell registrierte Nachfrager/-innen
2	Fachmann/-frau für Systemgastronomie	Bei 2.981 Angeboten im Bundesgebiet gab es offiziell 2.466 registrierte Nachfrager/-innen
3	Klempner	Bei 563 Angeboten im Bundesgebiet gab es 491 offiziell registrierte Nachfrager/-innen
4	Fachverkäufer/-in Lebensmittelhandwerk	Bei 12.651 Angeboten im Bundesgebiet gab es 11.170 offiziell registrierte Nachfrager/-innen
5	Fleischer/-in	Bei 2.455 Angeboten im Bundesgebiet gab es 2.180 offiziell registrierte Nachfrager/-innen
6	Gebäudereiniger/in	Bei 1.639 Angeboten im Bundesgebiet gab es 1.464 offiziell registrierte Nachfrager/-innen
7	Hörgeräteakustiker/-in	Bei 1.058 Angeboten im Bundesgebiet gab es 973 offiziell registrierte Nachfrager/-innen
8	Fachkraft im Gastgewerbe	Bei 3.762 Angeboten im Bundesgebiet gab es 3.507 offiziell registrierte Nachfrager/-innen
9	Hotelkaufmann/-frau	Bei 548 Angeboten im Bundesgebiet gab es 513 offiziell registrierte Nachfrager/-innen
10	Bäcker/in	Bei 4.594 Angeboten im Bundesgebiet gab es 4.321 offiziell registrierte Nachfrager/-innen

Quelle: Bundesinstitut für Berufsbildung (BIBB): Datenreport zum Berufsbildungsbericht 2012

Um im akademischen Bereich Aussagen über die Beliebtheit der Studiengänge anzugeben, können wir wiederum ganz konkret die Anzahl der Studierenden und Studienanfänger/-innen im Wintersemester 2012/2013 an deutschen Hochschulen betrachten. Die insgesamt 2.497.819 eingeschriebenen Studierenden verteilten sich – wie in Tab. 2.4 gelistet – auf die verschiedenen Fächergruppen.

Die Studierendenzahlen zeigen als beliebtestes Fach – gleichermaßen bei Frauen und Männern – nach wie vor BWL. Der Reiz dieses Fachs liegt in der späteren Vielfalt der Ausübungsmöglichkeiten.

Tab. 2.4 Beliebtheit der Studiengänge nach der Anzahl eingeschriebener Studierender und Studienanfänger/-innen

	Fächergruppe	Anzahl Studierender
1	Rechts-, Wirtschafts- und Sozialwissenschaften	760.261
2	Ingenieurwissenschaften	499.087
3	Sprach- und Kulturwissenschaften	474.590
4	Mathematik, Naturwissenschaften	447.607
5	Humanmedizin/Gesundheitswissenschaften	140.883
6	Kunst, Kunstwissenschaft	88.312
7	Sport	27.374
8	Veterinärmedizin	8.188

Quelle: Statistisches Bundesamt, Fachserie 11, Reihe 4.1, 2013.

Ab Platz 2 zeigen Frauen und Männer unterschiedliche Neigungen: Während bei den Abiturientinnen Germanistik, Medizin, Jura und pädagogische Studiengänge folgen, gehen diese Plätze bei den männlichen Abiturienten an Maschinenbau und Informatik, gefolgt von Elektrotechnik und Jura (Quelle: Statistisches Bundesamt, Studierendenzahlen WS 2012/13).

2.4.2 Das Image des Arbeitgebers

Nach der Frage, »Was soll ich lernen?« stellt sich mit dem Erreichen des Abschlusses konsequent die Frage »Wo soll ich das erlernte Wissen in die Praxis umsetzen?«

Da die Rahmenbedingungen der Arbeit und das zukünftige Ansehen auch durch die Wahl des Arbeitgebers beeinflusst werden, kann man sich hierzu jedes Jahr in aktuellen Rankings über die Beliebtheit der Arbeitgeber in Deutschland informieren.

Die vergangenen Jahre haben gezeigt, wie schnell das Image und die Präsenz der Unternehmen in den Medien hier zu deutlichen Verschiebungen in der Rangliste der Beliebtheit führten. Aus diesem Grund wird an dieser Stelle auf eine aktuelle Rangliste verzichtet, sondern ein Überblick über attraktive Arbeitgeber der letzten Jahre gegeben.

Im Auftrag der Wirtschaftswoche führt das Beratungsunternehmen Universum Communications in Zusammenarbeit mit der Kölner Access Kelly OCG seit 10 Jahren einmal im Jahr eine Befragung bei Studenten durch, um herauszufinden, wo sie nach ihrem Studienabschluss am liebsten arbeiten würden (Quelle: Wirtschaftswoche, 28.04.2014, »Deutschlands beliebtester Arbeitgeber«):

- Bei Befragungen von angehenden **Naturwissenschaftlern** rangieren Unternehmen, wie Max-Planck-Gesellschaft, Bayer, Fraunhofer-Gesellschaft, BASF, Merck, Novartis Pharma, Audi, Roche, Deutsches Zentrum für Luft- und Raumfahrt und Siemens immer wieder ganz oben auf Beliebtheitslisten.
- Zukünftige **Informatiker** wünschen sich Arbeitsplätze bei Google, Microsoft, Apple, Audi, SAP, IBM, BMW, Electronic Arts, Porsche, Facebook, Intel, oder Siemens.
- Spätere **Wirtschaftswissenschaftler** würden einen Arbeitsplatz bei Audi, BMW, Porsche, VW, Google, Daimler, Lufthansa, McKinsey, Adidas, oder Siemens besonders attraktiv finden.
- Bei **Ingenieuren** haben folgende Unternehmen ein Top-Image: Audi, BMW, Porsche, VW, Daimler, Siemens, Lufthansa Technik, EADS.

2.4.3 Die besonders interessanten »Hidden Champions«

Mangels Masse schaffen zahlreiche kleinere, versteckte, aber in ihrem Markt extrem erfolgreiche Unternehmen nicht den Sprung in diese Statistiken.

Dies sind die zahlreichen unbekannten kleinen und mittelständischen Unternehmen, die in ihren jeweiligen Märkten ganz weit vorne auf Platz drei oder zwei, bis hin zur Weltmarktführerschaft stehen. Da diese Firmen mit eher fachlicher und regionaler Bekanntheit, eine ganz entscheidende Rolle für die führende deutsche Exportposition spielen, befasste sich Hermann Simon bereits Ende der 80er-Jahre des 20. Jahrhunderts mit deren Erfolgsstrategien. Er prägte auch zu jener Zeit schon den Begriff der »Hidden Champions«, welcher heute in aller Munde ist.

Eine der Ursachen für relativ seltene Erwähnungen dieser »heimlichen Helden« in der Presse liegt darin, dass sie aufgrund ihrer Unternehmensstruktur nur eine geringe Anzahl von Anlegern haben. Da Anleger und Analysten aber die Hauptleser der Wirtschaftspresse sind, wird mangels deren Interesse auch selten über diese Firmen berichtet. Dadurch nimmt auch die breite Öffentlichkeit diese Firmennamen kaum wahr und ihre Bekanntheit begrenzt sich auf Fachkreise, obwohl sich viele ihrer Produkte in unserem täglichen Gebrauch befinden.

Oftmals befinden sich diese Unternehmen in ländlichen Regionen, wodurch für sie die Gewinnung von Nachwuchskräften aus den Metropolen erschwert wird. Mit großem Fleiß und Engagement haben viele von ihnen aus dieser Not eine Tugend gemacht und qualifizieren gezielt das Personalpotenzial, welches die Region bietet. Dies gelingt ihnen mit großem Erfolg und dem Resultat einer hohen Spezialisierung der Mitarbeiterschaft.

Sicherlich fallen Ihnen spontan einige solche Unternehmen aus Ihrer Umgebung ein. Sie haben allgemein in der jeweiligen Region ein hervorragendes Arbeitgeber-Image und sind besonders für Mitarbeiter, die sich schnell weiterentwickeln wollen und Verantwortung oder Führungsaufgaben anstreben, hochinteressant. Ihre ausgeprägte Innovationskraft in Verbindung mit dem besonderen Know-how der Mitarbeiter sind eine weitere Stärke dieser Firmen. Besonders interessant aus Bewerbersicht ist die Tatsache, dass die ausgeprägte Identifikation der Mitarbeiter mit dem Unternehmen eine deutlich verringerte Fluktuationsrate der »Hidden Champions« bewirkt, welche mit einer höheren Arbeitszufriedenheit der Mitarbeiter einhergeht.

Es gibt mehrere Listen über »Hidden Champions« in Deutschland und einigen Nachbarländern, die im Internet oder Fachbüchern nachzulesen sind.

2.4.4 Was macht Arbeitgeber für Sie attraktiv?

DO IT!

Unabhängig vom Image eines Unternehmens empfiehlt es sich aber immer auch, für sich selbst eine »persönliche Hitliste« der Rahmenbedingungen zu erstellen, die man sich als Angestellter wünscht.

Nach wie vor sollte die wirtschaftliche Lage eines Unternehmens für Sie eine der entscheidenden Voraussetzungen für eine Bewerbung sein. Auch wenn dies keine Garantie für Sicherheit ist, so sollten Sie doch vermeiden, in ein offensichtlich schwächelndes Unternehmen einzutreten, denn zu schnell gehen Arbeitgeber bei Einsparungsbedarf den Weg des geringsten Widerstandes und trennen sich von neuen Mitarbeitern in der Probezeit, weil dies arbeitsrechtlich sehr einfach ist.

Haben Sie den Eindruck, dass die wirtschaftliche Lage des Unternehmens zufriedenstellend ist, rücken folgende Fragestellungen nach:

- Erwarten Sie neben einem verlässlichen Grundgehalt eine leistungsbezogene Entlohnung und regelmäßige Gehaltssteigerungen?
- Sind flexible Arbeitszeiten für Sie interessant?
- Reizt Sie die Möglichkeit, vom Home Office aus zu arbeiten?
- Soll das Unternehmen Ihre Weiterentwicklung durch Schulungen fördern?
- Setzen Sie Nebenleistungen zur Altersabsicherung/Gesundheitsvorsorge voraus?
- Welche Sozialleistungen soll das Unternehmen insgesamt anbieten?
- Erwarten Sie eine persönliche Karriereplanung innerhalb des Unternehmens?
- Entspricht der Führungsstil im Unternehmen Ihren Vorstellungen?
- Soll Ihr Arbeitgeber Programme zur Gesundheitsförderung für Mitarbeiter anbieten?

- Wollen Sie nicht nur als Arbeitskraft, sondern auch als Mensch akzeptiert werden?
- Suchen Sie einen Arbeitgeber, der Kollegialität und Teamgeist fördert?
- Legen Sie Wert auf eine familienfreundliche Unternehmenskultur?
- Soll das Unternehmen Mitbestimmung und die Übernahme von Verantwortung fördern?

2.4.5 Arbeitgeber-Bewertungsportale

Doch wie findet man heraus, welche dieser Anforderungen wo erfüllt werden?

Hier sorgt das Internt für mehr Transparenz bezüglich des Innenlebens von Unternehmen. Einen weiteren Weg, um Informationen über einen potenziellen zukünftigen Arbeitgeber zu gewinnen, bieten mehrere Arbeitgeberbewertungsportale im Internet.

Diese Plattformen ermöglichen es aktuellen und ehemaligen Arbeitnehmern, Praktikanten und Auszubildenden, ihren Arbeitgeber hinsichtlich ausgewählter Kriterin (Betriebsklima, Arbeitsbedingungen, Vorgesetztenverhalten, Karrierechancen, Gehalt, Gleichberechtigung, Image und Engagement) zu bewerten und Erfahrungsberichte einzustellen.

Der Aufbau dieser Portale ist ähnlich wie allgemein bekannte Hotel-Bewertungsplattformen und sie spiegeln vergleichbar subjektive Einschätzungen wider. Somit sind sie mit der gleichen Vorsicht zu betrachten – können aber bei einer großen Anzahl von Bewertungen pro Arbeitgeber durchaus aussagekräftig sein.

Die immer größer werdende Relevanz öffentlicher Bewertungen von Arbeitgebern in dem Medium Internet haben in jüngster Zeit einige Großunternehmen stark zu spüren bekommen und Vorsichtsmaßnahmen ergriffen, um sogenannten »Shitstorms« frühzeitig entgegen zu wirken. Um ihre Außendarstellung nicht einer negativen Dynamik zu überlassen, sind sie mittlerweile selbst auf diesen Portalen mit vertreten und kommentieren Aussagen zu ihrer Personalpolitik und reißerische Bewertungen zeitnah.

Die Aussagen folgender Portale sind durch ihre Größe interessant:

- ▶ **www.Kununu.de**
  - Der Marktführer im deutschsprachigen Raum wurde 2007 gegründet und ist seit 2013 eine Tochtergesellschaft der XING AG.
  - Es werden 135.000 Arbeitgeber bewertet und es liegen über 459.000 Bewertungen vor.
  - Nach eigenen Angaben zählt Kununu 5 Millionen Seitenaufrufe pro Monat.
  - Bereits 700 Unternehmen nutzen ein Arbeitgeberprofil auf Kununu als Recruiting-Instrument und nennen im Profil Ansprechpartner für Bewerbungen.

  - Sehr interessant sind die Informationen von Bewerbern zum erlebten Bewerbungsprozess. Es werden Einschätzungen bezüglich der Professionalität der Bewerbungsbearbeitung, der Gesprächsatmosphäre, der Qualität der Fragen und Antworten sowie die Möglichkeit zu Rückfragen bei Absagen vorgenommen. Teilweise werden auch gestellte Fragen aus dem Bewerbungensgespräch eingestellt.
- ► **www.jobvoting.de**
  - Das erste deutschsprachige Meinungsportal JOBvoting wurde 2006 gegründet und zeichnet sich durch mehrere Innovationspreise aus.
  - Mehr als 100.000 befinden sich in der Datenbank »Job Bewertungen«
  - Das Portal verknüpft beim Aufrufen der Beurteilungsseite eines Arbeitgebers vielfältige Informationen zu dem Unternehmen. Sehr übersichtlich wird eine Empfehlung abgegeben, weitere Namen der Branche aufgelistet und aktuelle Jobangebote des Unternehmens sowie in der Branche angezeigt.
  - Besonders praktisch: Als Leser kann man sich über verschiedene Auswahlkriterien die Unternehmen anzeigen lassen, die bei den Benefits und Faktoren punkten, die man persönlich für wichtig erachtet.
  - Auf meinChef.de können Bewertungen zu rund 10.000 Arbeitgebern abgegeben werden. Neben den Unternehmen können auf dieser Plattform auch die Chefs einzelner Abteilungen bewertet werden. Auf der Startseite von meinChef.de werden die »Top-Chefs« und »Top-Unternehmen« präsentiert. Auch ein umfangreicher Gehaltsvergleich sowie eine Stellenbörse sind auf der Plattform integriert.
  - Unternehmen haben außerdem die Möglichkeit, eine eigene Profilseite anzulegen, auf der sie – abhängig von dem gebuchten Service-Paket – Features wie ein Firmenportrait, einen Link zur ihrer Homepage, Fotos und Stellenanzeigen einbinden können.

2.4.6 Wollen Sie höhere Karrierestufen erklimmen?

AHA-INFOS

Innerhalb von Unternehmen bedeutet der Aufstieg in höhere Hierarchiestufen eine weitere Entwicklung in der Fach- oder Führungslaufbahn. Die Übernahme von herausfordernderen Aufgaben geht einher mit mehr Verantwortung, meist einer höheren Arbeitszeit oder Personalführung mit dem verstärkten Delegieren von Aufgaben an zugeordnete Mitarbeiter und einer Steigerung des strategischen Aufgabenanteils.

Abgesehen von den inhaltlichen Veränderungen bringt dieser Aufstieg auch in der Regel äußerlich sichtbare Merkmale, wie Titel auf Visitenkarten, Handy, Laptop, Dienstwagen, Parkplatz und größeres Zimmer mit sich.

Betrachten Sie die Vorzüge eines solchen Schrittes mit offenen Augen für den Preis, den es Sie kosten wird. Je höher Sie die Karriereleiter hinaufsteigen, umso weniger Zeit für Ihr Privatleben werden Sie haben. In der wenigen Freizeit, die Ihnen jedoch zur Verfügung steht, wird es Ihnen immer weniger gelingen, »den Kopf freizuhaben«. Durch die ständige Erreichbarkeit mittels Handy und Internet wird es mit steigender Verantwortung im Job immer selbstverständlicher, Sie zu jeder Tages- und Nachtzeit zu kontaktieren.

Burn-out-Syndrom Es gibt in Deutschland einen erschreckenden Anstieg von »Burn-out-Syndromen«. Mit steigendem Stress und Belastungen und abnehmenden Erholungsphasen wächst die Anfälligkeit für diesen seelischen Erschöpfungszustand. In Führungsfunktionen ist die Arbeitsbelastung oftmals verschärft durch Verantwortlichkeiten für mehrere Projekte, erhöhtem Kunden- und Termindruck sowie immer komplexer werdenden technischen Abläufen.

Da Aufsteiger meistens ausgesprochen engagierte Mitarbeiter mit besonders hohen Erwartungen an sich und andere sind, die stets begeistert und einsatzbereit ihre Erfüllung in anspruchsvollen Herausforderungen sehen, erkennen sie oftmals zu spät, wann sie ihre Energie restlos verbraucht haben. Erst das überaus drastische Gefühl emotionaler Erschöpfung, gekoppelt mit einem Leistungsabfall und dem Wunsch, sich von allem zurückziehen zu wollen, lässt sie dann zu spät zu dem Erkennen eines Burn-outs kommen.

Das Krankheitsbild ist seit Mitte der 1970er-Jahre zunächst bei Menschen in Berufen, in denen Personen sich besonders stark für andere Menschen aufopfern, wie beispielsweise Lehrer, Ärzte, Sozialarbeiter und Krankenpfleger, beobachtet worden. Dann wurde speziell Managern als stark betroffener Gruppe die volle Beachtung geschenkt, da ihre Arbeitsumstände ganz offensichtlich als belastende Auslöser wirken. Auch Prominente im psychisch sehr belastenden Showbusiness wurden immer häufiger Opfer ihres eigenen Erfolgsdrucks. Mittlerweile weitet sich das Syndrom zu einer Volkskrankheit aus, die inzwischen in allen Berufszweigen angekommen ist und hier speziell die sehr engagierten Mitarbeiter betrifft.

Der eindeutig gestiegene Leistungsdruck innerhalb der Unternehmen in Verbindung mit den technischen Möglichkeiten einer ständigen Erreichbarkeit hat die Hemmschwelle immer weiter sinken lassen, Mitarbeiter zu jeder Tageszeit und auch während des Urlaubs in Arbeitsprozesse einzubinden. Trifft dieser Druck auf Menschen, die aufgrund verschiedener Merkmale ihrer Persönlichkeit dazu neigen, sich zu verausgaben, ist ein Burn-out vorprogrammiert.

Die Häufung der Krankheitsausfälle in diesem Bereich und auch der sorgenvolle Blick der Unternehmen in die Zukunft haben bereits dazu geführt, dass erste Arbeitgeber offizielle Vereinbarungen mit ihren Mitarbeitern geschlossen haben, worin festgehalten wird, dass die arbeitsfreie Zeit von betrieblichen Verpflichtungen frei zu halten ist. In diesen Firmen soll zukünftig nicht der Mitarbeiter, der auf eine Email während des Urlaubs nicht reagiert hat, schräg angeschaut werden, sondern die Führungskraft, die sich an die Vereinbarung nicht gehalten hat, am Pranger stehen.

Work-Life-Balance Um langfristige Lebensqualität zu gewährleisten, streben immer mehr Menschen eine ausgeglichene »Work-Life-Balance« an. Dies bedeutet ein ausgewogenes Verhältnis zwischen Privatleben und Beruf. Ein hohes Gehalt und Karriere sind für Viele nicht mehr Hauptziele im Berufsleben, sondern sie wollen Freude an der täglichen Arbeit mit guten Beziehungen zu Kollegen und Vorgesetzten haben. Dies soll im Einklang stehen mit den privaten Interessen und einem erfüllten Familienleben. Angesichts der Tatsache, dass v. a. viele Berufsanfänger und Studienabgänger diese Einstellung vertreten, werden sich Arbeitgeber zukünftig verstärkt auf diesen Faktor für die Arbeitszufriedenheit ihrer Mitarbeiter einrichten müssen.

Da jedoch viele erfahrenere Mitarbeiter bereits seit Jahren dem wachsenden Leistungsdruck unterliegen, verwundert es jedoch nicht, dass immer mehr Menschen dem aus den USA kommenden Trend des »**Downshiftings**« folgen. Der Leitgedanke »weniger arbeiten – mehr leben« soll mit einem neuen Takt wieder mehr Sinn in das Leben sowie Zeit für Familie und Freunde bringen.

Oftmals geben gesundheitliche Reaktionen den Anlass für eine solche Entscheidung, aber auch wer sich dauerhaft gestresst oder ausgebrannt fühlt, erkennt für sich diesen Weg eines vereinfachten Lebens mit einer neuen, weniger anspruchsvollen und v. a. verantwortungsärmeren beruflichen Tätigkeit als erstrebenswert und verzichtet gerne auf die vermeintlichen Statussymbole sowie das »dicke Konto«, wenn er dafür wieder mehr Freude am Leben hat.

Identische Rahmenbedingungen werden jedoch von Person zu Person und hier auch je nach Lebenssituation sehr unterschiedlich empfunden, wodurch die Einschätzung der Situation sehr subjektiv und nicht dauerhaft konstant ist. Entscheiden Sie sich im Vorfeld, wie Sie sich Ihre nächste berufliche Zukunft vorstellen.

2.5 Welcher Job passt zu Ihnen?

Wenn Sie sich letztendlich fragen »welche Tätigkeit erfüllt mich wirklich«, stehen Sie allerdings vor einer Frage, die manche Menschen im Verlauf ihres Arbeitslebens nie wirklich für sich beantwortet haben. Sie stellt einen Soll-Ist-Vergleich über Ihre Eignung und Interessen auf der einen Seite und der auszuführenden Tätigkeit auf der anderen Seite dar.

Da Ihr Profil das Herzstück Ihrer gesamten Bewerbung sein wird, welches entscheidend Ihre Zufriedenheit im Beruf bestimmt, betrachten wir dieses Thema besonders detailliert in einem eigenen Kapitel.

Zusammenfassung

DO IT!

Die Suche nach einer neuen Tätigkeit beginnt mit der Definition Ihres persönlichen Traumjobs. Zahlreiche Rahmenbedingungen, wie die regionale Eingrenzung, das bevorzugte Arbeitsumfeld, die Gehaltsvorstellungen, das soziale Umfeld sowie die Anerkennung des Berufs und Arbeitgebers spielen hier ein Rolle.

Legen Sie für sich selbst fest, wie Ihre »Work-Life-Balance« aussehen soll. Das Ausmaß Ihres beruflichen Einsatzes kann von einer Teilzeittätigkeit bis hin zur zeitintensiven Karriere mit jeweils allen begleitenden Vorzügen und Schattenseiten variieren.

Wie arbeiten Sie Ihr eigenes Persönlichkeitsprofil heraus?

A. Eggert, *Ab 40 bewirbt man sich anders*,
DOI 10.1007/978-3-642-41171-7_3, © Springer-Verlag Berlin Heidelberg 2015

AHA-INFOS

Neben Ihrer beruflichen Qualifikation, Ihren Erfahrungen und Ihrem Spezialwissen, spielen Ihre Interessen und Ihre Persönlichkeit die entscheidende Rolle bei der Ermittlung Ihres Profils.

Im Allgemeinen weiß jeder in etwa über sich selbst, wie die eigene Persönlichkeit zu beschreiben ist. Die in Stellenanzeigen geforderte Teamfähigkeit, Kontaktfreudigkeit und Engagiertheit bestätigt man doch gerne! Aber warum nicht mal die Chance nutzen, um zu prüfen, ob das Selbstbild vielleicht überarbeitet oder vertieft werden sollte?

3.1 Welche Persönlichkeitsmerkmale sind für Ihre Berufseignung interessant?

Nach zahlreichen Umfragen unter Personalverantwortlichen und wissenschaftlichen Erhebungen seit den 90er-Jahren zeigen sich folgende Eigenschaften für berufsbezogenes Verhalten als elementar und sind in dem »Bochumer Inventar zur berufsbezogenen Persönlichkeitsbeschreibung« (BIP) verarbeitet:

1. **Berufliche Orientierung**. Hier werden im Einzelnen folgende Aspekte betrachtet:
   - Leistungsmotivation: Motiv, hohe Anforderungen an die eigene Leistung zu stellen und große Anstrengungsbereitschaft mit dem Willen, die eigene Leistung auch immer weiter zu steigern.
   - Gestaltungsmotivation: Bereitschaft, Prozesse und Strukturen nach eigenen Vorstellungen gestalten zu wollen sowie das Bedürfnis nach Einflussnahme und Verfolgung einer Auffassung.
   - Führungsmotivation: Motiv zur sozialen Einflussnahme, Bevorzugung von Führungsaufgaben und Glaube an die eigene Autorität anderen gegenüber.
2. **Arbeitsverhalten**. Dies wird abgelesen an:
   - Gewissenhaftigkeit: Hohe Zuverlässigkeit, Neigung zu detailorientierter Arbeitsweise und Sorgfältigkeit bei der Bearbeitung von Aufgaben.
   - Flexibilität: Fähigkeit, sich problemlos auf neue Situationen einzustellen, uneindeutige Situationen gut tolerieren zu können und Methoden und Vorgehensweisen rasch an verändernde Bedingungen anzupassen.
   - Handlungsorientierung: Bestreben, nach der Entscheidungsfindung unverzüglich mit der Umsetzung einer Entscheidung zu beginnen, sehr zielorientiert vorzugehen und sich durch Ablenkungen und Schwierigkeiten bei der Arbeitsausführung nicht beeinträchtigen zu lassen.
3. **Soziale Kompetenzen**. Sie werden bestimmt durch:
   - Sensitivität: Einfühlungsvermögen für die Stimmungen anderer und Abschätzung der eigenen Wirkung auf andere, sichere Interpretation von Verhaltensweisen.

- Kontaktfähigkeit: Fähigkeit und Freude daran, auf andere Menschen zuzugehen und leicht Kontakte knüpfen zu können.
- Soziabilität: Fähigkeit, sich freundlich und rücksichtsvoll in eine Gemeinschaft einzufügen und anpassungsfähig soziale Beziehungen aufzunehmen, Großzügigkeit gegenüber Schwächen anderer, Wunsch nach harmonischer Zusammenarbeit.
- Teamorientierung: Wertschätzung von Teamarbeit und Kooperation.
- Durchsetzungsstärke: Neigung, eigene Vorstellungen durchzusetzen, die eigene Auffassung mit Nachdruck zu vertreten und bei Auseinandersetzungen die Oberhand zu behalten.

4. **Psychische Konstitution**. Diese beschreibt sich durch:
   - Emotionale Stabilität: Fähigkeit, bei Schwierigkeiten gelassen zu reagieren und sich nicht entmutigen zu lassen sowie schnell über Probleme und Misserfolge hinwegzukommen.
   - Belastbarkeit: Resistenz gegenüber Stress und auch unter Druck noch leistungsfähig zu sein.
   - Selbstbewusstsein: Selbstsicherheit im sozialen Umgang und geringe Besorgtheit über den Eindruck, den man bei anderen hinterlässt.[1]

Manche sehen ihre eigenen Ausprägungen dieser Merkmale ganz klar und demzufolge wissen sie auch schon ganz genau, dass für sie beispielsweise der Job im Außendienst (geprägt durch starke soziale Kompetenz, hohe rhetorische Fähigkeiten, klarer Leistungsorientierung und Zielstrebigkeit) die Erfüllung bringt oder dass sie für die Controlling-Stelle geeignete gewissenhafte Analytiker sind.

Viele von uns sind sich aber nicht so eindeutig im Klaren darüber, wie ausgeprägt die verschiedenen Merkmale bei ihnen sind. Auch sind nicht alle Eigenschaften dauerhaft stabil – mit wachsender Lebens- und Berufserfahrung kann sich beispielsweise die soziale Kompetenz weiterentwickeln. War jemand mit 20 Jahren noch unsicher im Umgang mit Menschen, kann es durchaus sein, dass dieselbe Person 5 Jahre später durch gesammelte Erfahrungen und Weiterbildung souverän und voller Freude eine Aufgabe als Erzieher in einem Kindergarten ausführt.

Wer noch keine so klare Antwort für sich gefunden hat, wie sich seine Persönlichkeit zusammensetzt, hat die Möglichkeit, sich einen der zahlreichen Persönlichkeitstests oder Berufseignungstests, die es auf dem Markt gibt, zunutze zu machen. Diese Verfahren sind extrem leicht in der Handhabung, sehr schnell in der Auswertung und dabei mit erstaunlich hoher Aussagekraft.

---

1 Hossiep, R. & Paschen, M. (2003). Das Bochumer Inventar zur berufsbezogenen Persönlichkeitsbeschreibung (2. vollst. überarb. Aufl.). Göttingen: Hogreve.

3.2 Vorteile und Gefahren von Persönlichkeitstests

Über den Einsatz und den Sinn von Persönlichkeits- und Berufseignungstests gibt es immer zahlreiche Diskussionen sowohl auf Bewerberseite als auch innerhalb der Unternehmen. Skeptiker bringen immer wieder das Argument der Manipulierbarkeit und die Gefahr, durch »falsche Antworten« zu Interpretationen zu kommen, die zwar nicht zutreffen, aber dennoch bei sehr testgläubigen Personalverantwortlichen das »Aus« im Bewerbungsverfahren bedeuten können.

3.2.1 Manipulierbarkeit der Testverfahren

Natürlich ist jeder Test grundsätzlich beeinflussbar, wenn Sie die Absicht der jeweiligen Fragen durchschauen. Entscheidend ist, was Sie damit erreichen, wenn Sie das Ergebnis beeinflussen. Wollen Sie ein Ergebnis haben, das dem »sozial erwünschten Bild« entspricht – oder erfahren Sie lieber, wie Ihre individuelle Persönlichkeit unabhängig beschrieben wird?

Mit einem solchen Testverfahren haben Sie die relativ seltene Chance, im Leben einmal annähernd objektive Aussagen über sich selbst zu erhalten. Warum diese Gelegenheit ungenutzt lassen? Oftmals erhalten Sie hier eine Antwort auf gefühlsmäßige Einschätzungen, die Sie bisher nur oberflächlich benennen konnten.

Um die Manipulierbarkeit zu reduzieren, haben manche Persönlichkeitstests als sog. Kontrollskala einige typische Fragen, die aufzeigen sollen, ob Sie bei der Beantwortung der Fragen »schummeln«. So können die Aussagen »Ab und zu sage ich nicht ganz die Wahrheit« oder »Manchmal rede ich hinter ihrem Rücken über andere Leute«, eigentlich nur durch Heilige verneint werden. Sind zu viele dieser Fragen nach sozialer Erwünschtheit beantwortet, zeigt die Auswertung dieser Skala das an und der gesamte Test wird als nicht auswertbar disqualifiziert.

Auch eine Verfälschung in konkreten Fragestellungen mit dem Ziel, eine Eigenschaft zugeschrieben zu bekommen, die eigentlich nicht Ihrer Persönlichkeit entspricht, wird letztendlich zu Ihrem eigenen Nachteil sein. Stellen Sie sich mal vor, Sie haben sich im Testverfahren als besonders kommunikativ und frustrationstolerant dargestellt, um den Job im Vertrieb zu bekommen. Wenn es nicht Ihrem tatsächlichem Wesen entspricht, gerne den ganzen Tag mit Menschen zu sprechen und bei Misserfolgen trotzdem »wieder aufzustehen«, werden Sie jeden Morgen unglücklich aus dem Haus gehen, da ein langer Tag mit ungeliebten Aufgaben vor Ihnen liegt.

3.2.2 Falsche Interpretationen und deren Folgen

Hier liegt die echte Gefahr des Einsatzes von Testverfahren. Jedoch ist die Bedrohung durch eine übertriebe Testgläubigkeit im privaten Gebrauch deutlich höher als beim professionellen Einsatz durch Personalabteilungen.

Wer privat einen solchen Test durchführt und dann online eine Interpretation empfängt oder einen Ausdruck in Händen hält, läuft schnell Gefahr, diese Angaben als Urteil über sich selbst zu akzeptieren; je teurer der Test war, umso bereitwilliger!

Profis gehen jedoch immer mit dem Grundsatz an die Auslegung der Daten heran, dass lediglich Tendenzen aufgezeigt werden. In Unternehmen eingesetzte Verfahren fordern dazu auf, im anschließenden Gespräch mit dem Kandidaten die Ergebnisse gemeinsam durchzugehen und alle Aussagen, denen der Kandidat nicht zustimmt, diskussionslos aus der Deutung zu streichen.

Darüber hinaus agieren Profis nach dem Grundsatz, dass die ermittelten Testergebnisse lediglich ein Teil einer Gesamtbewertung sind. Sie dürfen niemals unkritisch als alleinige Einschätzung herangezogen werden, sondern stehen immer in Verbindung mit einem Eindruck aus einem persönlichen Gespräch, einem Lebenslauf und Arbeitgeberzeugnissen.

3.3 Exkurs: Arbeitszeugnisse

Gerade diese Dokumente fördern den immer stärkeren Trend zum vermehrten Einsatz von Testverfahren. Leider sind die qualifizierten Zeugnisse von Arbeitgebern in den letzten Jahren immer weniger vertrauenswürdig geworden. Schuld daran ist zum einen die höhere Bereitschaft von Arbeitnehmern, wegen ungewünschter Zeugnisformulierungen Anwälte einzuschalten.

Da in gängigen Zeitschriften immer wieder vor Zeugniscodes und versteckten Angaben gewarnt wird, sind ausscheidende Mitarbeiter oftmals verunsichert und mit einer Rechtsschutzversicherung im häuslichen Aktenordner ist der Weg zum Anwalt schnell gegangen. Auch wenn sich dann keine versteckten Kritikpunkte finden lassen, wird forsch mal über den Anwalt mit Fristsetzung gedroht und begleitend auch eine Anhebung der Beurteilung in verschiedenen Punkten gefordert. Leider lassen es die wenigsten Arbeitgeber auf eine gerichtliche Auseinandersetzung wegen dieser »Kleinigkeiten« ankommen. Stillschweigend und fristgerecht wird aus dem Mitarbeiter mit »einwandfreiem Verhalten stets zur vollen Zufriedenheit« ein Mitarbeiter mit »vorbildlichem Verhalten stets zur vollsten Zufriedenheit«. Das hat dem Unternehmen nicht sehr wehgetan, der ehemalige Kollege ist zufrieden – vielleicht haben wir ihn ja auch zu streng beurteilt (?) und es wurde wieder Geld in die Anwaltskasse gespült. Auf der Strecke bleibt aber der nächste Arbeitgeber, der basierend auf diesen

Angaben eine Meinung über das Arbeitsverhalten des Mitarbeiters gewonnen hat. Rein rechtlich kann er ja Schadensersatz vom alten Arbeitgeber fordern, wenn er darlegen kann, welchen Schaden er durch die falschen Angaben genommen hat. Allein die Schwierigkeiten bei dieser Faktenermittlung lassen den Verlauf von Verfahren in solchen Fragestellungen erahnen.

Zum anderen bewirkte die angespannte Situation des Arbeitsmarktes eine mangelhaftere Aussagekraft der Arbeitszeugnisse. Zeugnisaussagen bei einem Ausscheiden des Mitarbeiters aufgrund betriebsbedingter Kündigung, Betriebsschließung oder Insolvenz fallen im Vergleich zu Beurteilungen bei Eigenkündigungen meistens deutlich positiver aus. Diesen Mitarbeitern, die bereits die unangenehme Erfahrung hinter sich haben, ungewollt und unverschuldet das Unternehmen verlassen zu müssen, möchte man natürlich keine Steine in den Weg legen und gibt ihnen somit das bestmögliche Zeugnis mit auf den Weg, um ihre Chancen auf dem Arbeitsmarkt nicht unnötig zu verschlechtern.

Bei Insolvenzen verlassen oftmals die ehemaligen Führungskräfte fluchtartig das Unternehmen oder fühlen sich nicht mehr in der Lage, Beurteilungen zu erstellen. Dann gibt der Insolvenzverwalter die Devise aus: »Alle Mitarbeiter notieren ihre eigenen Tätigkeiten und die Personalabteilung schreibt daraus Zeugnisse mindestens der Note 2«. Und wieder sind alle zufrieden, und das Nachsehen hat erneut der nachfolgende Arbeitgeber …

Kann man es da den Unternehmen verübeln, dass sie verstärkt nach aussagekräftigen Alternativen suchen? Ich denke nein, ganz im Gegenteil. Auch für Sie liegen die Vorteile auf der Hand: Ein Testverfahren bietet Ihnen die Chance, sich aus dem einheitlichen Singsang der Zeugnis-Textbausteine hervorzuheben, um als individuelles Puzzle-Stückchen erkannt zu werden.

3.4 Wo liegt Ihr Pluspunkt als 40-Jähriger bei der Durchführung von Persönlichkeitstests?

FEEL GOOD!

In der Entwicklungspsychologie unterscheidet man vier entscheidende Abschnitte als Schwerpunkte für den **Lebenszyklus**:

1. Die Zeit vor dem Erwachsenenalter: 0 bis zum 17. Lebensjahr,
2. das frühe Erwachsenenalter: 22–40. Lebensjahr,
3. das mittlere Erwachsenenalter: 45–60. Lebensjahr,
4. das späte Erwachsenenalter: ab dem 65. Lebensjahr.

Ihr Vorzug als reifere Persönlichkeit ist es, dass Sie bereits entscheidende Reifungsprozesse hinter sich gebracht haben und nicht mehr so sehr Schwankungen unterliegen, wie es gerade bei jugendlichen Berufsanfängern der Fall ist. Obwohl die Persönlichkeit durch den Einfluss äußerer Lebensumstände einer lebenslangen Weiterentwicklung unterliegt, geht man davon aus, dass ab einem Alter von ca. 40 Jahren viele Persönlichkeitsmerkmale relativ stabil werden. Tagesschwankungen und Stimmungen fallen nicht mehr so sehr ins Gewicht, wodurch Auswertungen über die Zeit stabiler bleiben.

Da im Rahmen der Entwicklungspsychologie immer wieder die Suche nach Einflussfaktoren auf die Persönlichkeit interessierte, gab es zahlreiche Erhebungen zu dieser Fragestellung.

Man kam zu der Erkenntnis, dass es bestimmte Persönlichkeitsentwicklungen gibt, die durch das Älterwerden eines Menschen bestimmt werden:

In zahlreichen psychologischen Studien wurden Belege dafür gefunden, dass bei Frauen generell die Selbstsicherheit und die Unabhängigkeit deutlich zunehmen[2]. Auch die Fähigkeit zur Empathie und die allgemeine Liebenswürdigkeit und Verträglichkeit steigen mit dem Alter[3].

In verschiedenen Studien konnte gezeigt werden, dass sich ab etwa 20–40 Jahren eine Abnahme in der Abhängigkeit von der Anerkennung durch andere und eine Zunahme in dem Bedürfnis nach Autonomie einstellen.

Immer wieder zeigen Erhebungen, dass Frauen mit steigendem Alter emotional stabiler werden.

Bei beiden Geschlechtern wird eine abnehmende Offenheit für Neues diagnostiziert, wodurch die etwas konservativere Haltung eintritt.

3.5 So gehen Sie an Persönlichkeitstests heran

DO IT!

In einem ersten Schritt bietet sich die Durchführung einiger kostenloser Persönlichkeitstests im Internet an. Wie nicht anders zu erwarten, sind sie jedoch eher schwach in ihrer Aussagekraft. Gehen Sie mit einem Augenzwinkern an diese Auswertungen heran und lassen Sie sich bestätigen, was Sie schon immer wussten. Vertrauen Sie auf keinen Fall einem einzigen Test! Wenn Sie mehrere Verfahren absolvieren, können Sie Tendenzen besser erkennen und möglicherweise fehlerhafte Einschätzungen minimieren.

Seien Sie ehrlich mit sich selbst! Nur bei wahren Angaben können Sie auch eine korrekte Einschätzung für Ihre Persönlichkeitsmerkmale bekommen.

Das Ziel dieser Vorgehensweise liegt darin, Ihnen mit den Anregungen ein Gefühl dafür zu vermitteln, wie Sie selbst an Ihre eigene

2 Helson, R. & Stewart, A. (1994). Personalitychange in adulthood. In T. F. Heatherton & J. L. Weinberger (Eds.), Can personality change? Washington DC: American Psychological Association.

3 Svirastava, John, Gosling & Potter (2003). Development of personality in early and middle adulthood: Set like plaster or persistent change? Journal of Personality and Social Psychology.

Einschätzung herankommen. Durch Fragestellungen und das verwendete Vokabular gewinnen Sie einen ersten Eindruck über dieses breite Spektrum an Merkmalen, Attitüden, Verhaltenswahrscheinlichkeiten und zugrunde liegenden Mustern.

Es sollte an dieser Stelle nicht Ihre Absicht sein, eine umfassende Persönlichkeitsbeschreibung zu erarbeiten, sondern Sie benötigen lediglich Bewertungen zu jenen Persönlichkeitsmerkmalen, die für das Berufsleben relevant sind. Durch die Einschätzung von Stärken und Schwächen in den betroffenen Eigenschaften bieten sie Orientierung bei der Wahl von geeigneten Tätigkeiten oder helfen bei der Vorbereitung auf Bewerbungsgespräche.

AHA-INFOS

Ein ausgesprochen empfehlenswerter Test zu einer verbesserten Selbsteinschätzung ist der kostenlose 60-minütige Persönlichkeitsfragebogen des Personalentwicklers Atrain. Abzurufen unter: ► http://www.onlinefragebogen.net/Profil

Dieser Fragebogen bringt keine echten Überraschungen in der Auswertung, ist jedoch sehr hilfreich, um jeweils zu Ihrer Persönlichkeit passende Berufsbilder vorzuschlagen.

Auch der kostenlose 20-minütige Berufsneigungstest der Wirtschaftswoche bringt einen ersten Eindruck über entsprechende Betätigungsfelder, die den gezeigten Interessen entsprechen. Die Fragestellungen beziehen sich zwar oftmals auf alltägliche Situationen aus dem Schulbereich, sind aber so nachvollziehbar, dass man sie auch mit langem Abstand von der Schule noch spontan beantworten kann. Der Test findet sich unter: ► http://www.wiwo.de/berufsneigung

Nachdem Sie nun in das Thema eingestiegen sind, empfiehlt sich als nächster Schritt eine etwas professionellere Herangehensweise, indem Sie wenigstens eines der kostenpflichtigen Testverfahren durchführen, da diese in ihren Einschätzungen deutlich aussagekräftiger und zuverlässiger sind. Dies liegt zumeist daran, dass sie auf jahrelanger wissenschaftlicher Diagnostik basieren, Erhebungen in deutlich größeren Stichproben als Hintergrund haben und permanent überprüft sowie an aktuelle Entwicklungen angepasst werden.

Das Geva-Institut bietet hier fundierte und aussagekräftige Testverfahren zur Unterstützung bei der Berufswahl oder Neuorientierung an.

Ganz bewusst für Kandidaten in der Phase einer Weiter- oder Neuorientierung wird die »**Potenzial-Analyse**« angeboten. Dieses ca. 30-minütige Verfahren prüft über 40 Schlüsselqualifikationen und kann so recht treffsichere Aussagen über Ihre persönlichen, sozialen und methodischen Kompetenzen machen.

Ganz gezielt für Bewerber, die in der beruflichen Umorientierung sind, ist der Online-Test »**Neue Chancen im Beruf**«. Sollten Sie in der Situation sein, sich gerade umorientieren zu wollen oder müssen, bietet dieser Test auch für Quereinsteiger Unterstützung beim Identifizieren einer Arbeit, die sie befriedigt und in der sie ihre Ziele auch langfristig verwirklichen können.

Ideal für Kandidaten nach der Elternzeit oder nach einer längeren Phase ohne Beschäftigung ist der 30-minütige »**Wiedereinstiegs-Test**«. Gerade nach einer längeren beruflichen Pause ist man oftmals unsicher, ob die bisherige Laufbahn weiterverfolgt werden soll, oder man eventuell den Zeitpunkt nutzen könnte, um andere Fähigkeiten und Stärken auszubauen. Hier bietet der Test eine gute Vorbereitung für den erfolgreichen Wiedereinstieg ins Berufsleben. Er zeigt Ihre aktuellen beruflichen Interessen und Stärken, Ihre Schlüsselqualifikationen und ob Sie genügend Selbstvertrauen für den Neustart mitbringen.

Die Testverfahren des Geva-Instituts können online oder als Print-Version durchgeführt werden und liegen in den Kosten unter 50 € (Stand 2014). Dafür erhalten Sie ca. 20 Seiten umfassende persönliche Auswertungen in verständlicher Formulierung, die Ihnen ein Lesen ohne Fachlexikon ermöglicht.

Über diese Erhebungsverfahren hinausgehend gibt es weitverbreitete Tests, die vorwiegend in der Wirtschaft eingesetzt werden. Da hier zumeist Unternehmen als zahlende Kundschaft fungieren und ausgebildete Trainer die Interpretation der Auswertung professionell begleiten, liegen sie im Preis etwas höher.

Hier zwei Testverfahren, die im Businessumfeld breite Anwendung finden:

- **DiSG®**

Hierbei handelt es sich um ein Verfahren zur Persönlichkeitsbeschreibung. Das Modell definiert Verhaltensweisen für unterschiedliche Charaktere, die auf den vier eindeutigen, wiederkehrenden Verhaltensgrundmustern **d**ominant, **i**nitiativ, **s**tetig und **g**ewissenhaft (DiSG) basieren.

Im Fragebogen wird das Selbstbild einer Person in Hinblick auf relevante Verhaltenstendenzen und präferenzen in einer bestimmten Situation erfasst. Basierend auf den Verhaltensmustern gibt DiSG® u. a. Auskunft über die Stärken, den bevorzugten Arbeitsstil, das optimale Umfeld, die Konfliktpotenziale und wozu man berufen ist.

Unternehmen nutzen das Verfahren in folgenden Bereichen:

- Systematische Personalauswahl,
- gezielte Zusammenstellung von Teams nach Stärken der einzelnen Mitarbeiter,
- bessere Integration von neuen Mitarbeitern,
- persönlichkeitsorientierte Kommunikation mit Mitarbeitern,
- stärkere Kundenbeziehungen durch bessere Kundenorientierung,
- Steigerung der Leistungsfähigkeit von Teams,
- Erkennen von Entwicklungs- und Leistungspotenzialen der Mitarbeiter,
- effektivere Personalentwicklungs- und Trainingsmaßnahmen sowie
- Steigerung der Mitarbeiterzufriedenheit.

Als Privatperson können Sie den Fragebogen online bestellen. Nach der Durchführung erhalten Sie eine Interpretation, die in einer telefonischen Beratung durch einen zertifizierten Trainer erläutert wird. Diese Erkenntnisse über Sie bieten Ihnen die Möglichkeit, durch die Reflexion des eigenen Verhaltens neben der verbesserten Selbsterkenntnis auch ein besseres Verständnis für andere Sichtweisen zu entwickeln. Das Kennen eigener Stärken und Schwächen sowie das Verstehen der zugrunde liegenden Muster bei Gesprächspartnern kann auch Ihre zukünftige Kommunikation deutlich verbessern.

- **INSIGHTS**

Dieses Verfahren kann sowohl Persönlichkeitsprofile als auch situationsbedingte Anforderungsprofile erfassen und wird vorwiegend in Unternehmen eingesetzt.

Das sehr umfassende Diagnosesystem INSIGHTS MDI® basiert auf folgenden **8 Haupt-Persönlichkeitstypen**:

- Initiator: Dieser entschlussfreudige Typus testet und setzt durch, der Fokus liegt auf Tatsachen.
- Motivator: Schwerpunkt ist der Blick für das Ganze mit der Schaffung neuer Ideen und Perspektiven mittels kommunikativer Stärke.
- Inspirator: Im Mittelpunkt dieser geselligen Person mit zahlreichen sozialen Kontakten steht das kreative Verändern und Begeistern für eine Sache.
- Berater: Dieser verständnisvolle, umgängliche Typus stimmt sich mit anderen ab und zeigt flexible Verhaltensweisen.
- Unterstützer: Der beständige und umgängliche Typus bietet Hilfen an und schafft Harmonie.
- Koordinator: Zeichnet sich dadurch aus, dass er diszipliniert an Bewährtem festhält, praktisch und effizient ist.
- Beobachter: Hat den Fokus darin, Systeme zu überprüfen. Er ist analytisch, detailorientiert und gewissenhaft.
- Reformer: Als kreativer und abstrakter Denker nimmt er gerne neue Methoden und Herausforderungen an.

Das INSIGHTS-MDI®-Tool hat mehrere **Einsatzfelder**:

- In der Personalauswahl: Die im Profil beschriebenen Verhaltensweisen eines potenziellen Bewerbers werden mit dem Anforderungsprofil für eine Position verglichen.
- Bei der Bildung von Teams: Teamleiter und -mitglieder können mithilfe der Profile erkennen, worin die besonderen Fähigkeiten jedes Einzelnen im Team bestehen. Durch dieses Verständnis wird die gegenseitige Akzeptanz und Wertschätzung gefördert und das Team kann erfolgreicher agieren.
- Zur Motivationssteigerung der Mitarbeiter: Die hohe Kunst des individuellen Motivierens kann mithilfe der Profile eingesetzt werden, da sie die individuellen Motivationsfaktoren des Einzelnen herausarbeiten. So können Führungskräfte erkennen, wie

die einzelnen Mitarbeiter und Mitarbeiterinnen optimal zu fördern oder fordern sind.
- Strategische Personalentwicklung: Auf die Potenzialerkennung und die Ermittlung von Stärken und Schwächen kann eine gezielte Personalentwicklung aufbauen.
- Darüber hinaus kommt es bei Verkäuferschulung, Managerausbildung und Organisationsentwicklung zum Einsatz.

Auch dieses Diagnose-Tool ist für Sie als Privatperson online zugänglich. Nach der Erstellung Ihres Persönlichkeitsprofils erhalten Sie Unterstützung durch ein Telefoncoaching/Career Coaching für Ihre Karriereplanung.

Mit den Erfahrungen und Aussagen, die Ihnen die Durchführung dieser Diagnoseverfahren vermittelt hat, sollte nun Ihr Profil deutlich an Schärfe gewonnen haben.

Zusammenfassung

DO IT!

- Die Frage nach der Aufgabe, die Sie erfüllt und glücklich macht, können Sie beantworten, wenn Sie wissen, wo Ihre Neigungen liegen und wie Ihre Persönlichkeit aufgebaut ist. Die Kenntnis über eigene Merkmale ermöglicht einen Vergleich mit den geforderten Ausprägungen in verschiedenen Berufsbildern, wodurch der Grad der Übereinstimmung festgestellt werden kann.
- Persönlichkeitstests können Ihnen ein differenziertes Bild über Ihre eigene Persönlichkeitsstruktur vermitteln. Sie sollten jedoch nicht unkritisch und als alleinige Quelle eines Urteils übernommen werden, sondern lediglich als »ein Werkzeug in Ihrem Werkzeugkasten« betrachtet werden.
- Über das Internet können Sie die gesamte Bandbreite der Persönlichkeitstests von Gratisversionen bis hin zu professionellen Verfahren abrufen.
- Wenn Sie nun nach wie vor nicht ganz überzeugt von dem Einsatz dieser Instrumente sind, gehen Sie die Sache mit dieser Einstellung an: »Nur was ich wirklich gut kenne, kann ich auch bekämpfen«.
- Unternehmen setzten verstärkt auf Einstellungs- und Persönlichkeitstests, da die Aussagekraft von Arbeitszeugnissen stark abgenommen hat.
- Finden Sie vorher heraus, was andere über Sie erfahren, wenn sie diese Testverfahren einsetzen. So sind Sie den Interpretationen einen Schritt voraus und können Ihre Argumentation vorbereiten oder reflektieren nochmals über die eine oder andere Antwort im Test.
- Stellen Sie sich aus Überzeugung oder um gewappnet zu sein darauf ein!
- Basierend auf den erarbeiteten Rahmenbedingungen für Ihren idealen Job und dem Wissen über die Inhalte, die Sie glücklich machen, können Sie nun Ihre Erwartungen an die zukünftige Stelle konkretisieren. Diese Standortbestimmung ist von

ausgesprochener Wichtigkeit, denn wie schon der römische Philosoph Seneca sagte: »Wer den Hafen nicht kennt, in den er segeln will, für den ist kein Wind der richtige.«

- Nun kommt es darauf an, diese Anforderungen in den zur Verfügung stehen Jobs zu finden.

Wo finden Sie Jobs?

A. Eggert, *Ab 40 bewirbt man sich anders,*
DOI 10.1007/978-3-642-41171-7_4, © Springer-Verlag Berlin Heidelberg 2015

AHA-INFOS

Nach wie vor bieten regionale und überregionale Tageszeitungen mit ihren großen Stellenmärkten an den Wochenenden eine wichtige Informationsquelle zur Jobsuche. Positionen für Spezialisten werden auch heute noch gerne in Fachzeitschriften ausgeschrieben.

Allerdings hat sich durch den Einzug des Internets in Privathaushalte das Bewerberverhalten gravierend verändert. Als die Printmedien (Tageszeitungen, Fachzeitschriften) die Stellenmärkte dominierten, lebten Bewerber samstags vormittags auf, um die Zeitungen hoffnungsvoll nach Stellenanzeigen zu durchforsten. Dann wurden an den Wochenenden die Bewerbungsunterlagen angefertigt, montags verschickt (um ja bei den Ersten zu sein) und den Rest der Woche hieß es dann warten. Dies war immer der Zeitpunkt, der irgendwann die Stimmung in den Keller sinken ließ, weil man mangels neuer Möglichkeiten hilflos auf den nächsten Samstag warten musste.

Zum Glück hat das Internet diese Lücke geschlossen. Heute können (sollten!) Sie zu jeder möglichen Tageszeit nach Jobangeboten suchen. Denn laut Bitkom suchen heute 94% aller Unternehmen neue Mitarbeiter im Netz.

4.1 Die Suche nach Jobs im Internet

4.1.1 Job-Suchmaschinen für den Überblick

Diese Suchmaschinen wurden programmiert, um im Internet veröffentlichte Stellenanzeigen bequem über eine Suchmaske abzufragen, anstatt alle Stellenmärkte einzeln aufsuchen zu müssen. Den jeweils von einer Suchmaschine abgedeckten Bereich können Sie erkennen, indem Sie auf der Partner-Seite anschauen, welche Partnerschaften bestehen.

Tipp: Ein Einstieg in die Internet-Recherche über Job-Suchmaschinen verschafft Ihnen einen zeitsparenden ersten Überblick über mögliche Quellen, wo Sie für Ihren Wunschbereich geeignete Stellen finden können. Da die Suchmaschinen ihre gefundenen Ergebnisse danach sortieren, auf welcher Seite sie erschienen sind, erkennen Sie, wo Sie zukünftig gezielt weitersuchen können. Schauen Sie einfach, welche Herkunftsseiten besonders häufig bei für Sie interessanten Jobs im Hintergrund stehen und rufen Sie diese dann speziell auf.

- **Jobworld**

Die Job-Suchmaschine greift auf die großen Jobbörsen und zahlreiche überregionale und regionale Zeitungen zu und bietet damit das möglicherweise größte Netzwerk mit einem Überblick auf täglich mehr als 10.000 neue Stellenangebote. Trotz allem ist sie sehr übersichtlich gestaltet und bietet neben einer Regionalsuche auch einen Newsletterdienst an, der alle passenden Stellenangebote automatisch an Sie weiterleitet. Darüber hinaus werden für Ihre Jobsuche weitere interessante Statistiken erstellt.

- **Jobrobot**

Die seit 1997 aktive Jobdatenbank Jobrobot bietet direkten Zugriff auf über 200.000 Jobs aus mehr als 70 qualifizierten »Jobsites« und ist damit eine der größten und etabliertesten deutschsprachigen Job-Suchmaschinen.

Durch bedienerfreundliche direkte Links kommen Sie geradewegs auf die gewünschten Stellenausschreibungen und werden von einer intelligenten Datenbank unterstützt, die Ihnen Suchoptionen auf Berufsgruppen, PLZ-Bereiche und weitere Zusatzkriterien ermöglicht.

- **Careerjet**

Das Careerjet-Netzwerk umfasst über 50 Länder mit separaten Schnittstellen, die in 20 Sprachen übersetzt sind. Es durchsucht Jobseiten von Firmenwebsites, Agenturwebsites oder großen, spezialisierten Einstellungswebsites.

Auch hier befinden sich die Stellenangebote selbst nicht auf der Careerjet-Internetseite, sondern der Nutzer wird immer zu der originalen Stellenanzeige weitergeleitet.

4.1.2 Internet-Jobbörsen zur gezielten Suche

Die Anzahl der Jobbörsen im Internet ist mittlerweile kaum noch überschaubar. Überblicke über die aktiven Jobbörsen in Deutschland führen teilweise über 1.000 Börsen auf. Diese Aufstellungen beinhalten dann überregionale, regionale, fachbezogene Börsen sowie Jobroboter und Stellenbörsen aus der Tagespresse und den Fachzeitschriften.

Aber Vorsicht: Die Schnelllebigkeit des Internets insgesamt führt hier auch schnell in eine Sackgasse. Da der Markt der Internet-Börsen immer in Bewegung ist, sind manche Plattformen, die gestern noch empfehlenswert waren, heute schon nicht mehr aktiv. Oder sie wurden aufgekauft und sind heute unter einem neuen Namen zu finden.

- **Woran erkennen Sie die Qualität einer Jobbörse?**

Grundsätzlich gibt es nicht die »Top-Börse« schlechthin. Natürlich werden immer wieder Rankings über die Beliebtheit der Börsen erstellt und gute Platzierungen angestrebt, die zu Marketingzwecken eingesetzt werden können. Speziell bei den Unternehmen, die als zahlende Kunden das Geschäft tragen, können die Börsen hiermit punkten. Allerdings sind auch diese Vergleiche stets mit Vorsicht zu genießen, denn sie werden nach verschiedenen Kriterien geprüft, die nicht immer für Sie als Benutzer relevant sind. Von daher empfehle ich Ihnen einen eigenen Überblick nach einigen allgemein anerkannten Kriterien für eine gute Börse, gekoppelt mit Ihrer persönlichen Situation:

■■ Aktualität

Schauen Sie sich immer als Erstes bei den angebotenen Jobs genau das Datum an, wann sie eingestellt wurden. Wenn die tagesaktuellen Jobs schnell nicht mehr ganz oben auf der Liste erscheinen, weil sie durch neue Stellenanzeigen verdrängt wurden, bedeutet dies, dass die Börse »lebt« und viel Job-Aktivität hat. Je mehr Input an neuen Stellen hereinkommt, umso mehr potenzielle Möglichkeiten ergeben sich für Sie.

■■ Serviceangebote

Internetbörsen bieten zumeist die Möglichkeit, über einen eigenen Account die Such-Profile und eigene Lebensläufe systematisch zu verwalten und somit nicht mehr jede Suche bei null zu starten.

Darüber hinaus werden Informationen, wie aktuelle Mitteilungen aus der Wirtschaft, allgemeine Bewerbungsratschläge, Studien über den Markt, Gehaltsvergleiche und Rahmenbedingungen bereitgestellt. Natürlich ist objektiv eine Börse mit großem Service-Angebot höherwertiger – aber für Sie persönlich nur in dem Maße, wie Sie es auch nutzen.

Das zugrunde liegende Konzept der Internet-Jobbörsen ist es, dass Jobsuchende auf einer attraktiven Seite gerne und kostenfrei Stellenanzeigen suchen. Unternehmen zahlen für einzelne Anzeigen, Werbung, Banner und Platzierungen als besonders interessante Arbeitgeber oder Firmendarstellungen.

Inzwischen bieten fast alle Börsen für Jobsuchende auch über den kostenlosen Bereich hinaus verschiedene Services zur individuellen Optimierung des Bewerbungsverhaltens an. Wenn Sie also gerne einen persönlichen Arbeitszeugnis-Check, eine Lebenslauf-Beratung oder ein umfassenderes Karriere-Coaching in Anspruch nehmen, ist das Vorhandensein dieses Angebots ein Pluspunkt.

Darüber hinaus bieten inzwischen einige Börsen die Möglichkeit, zahlendes Premium-Mitglied zu werden. Gegen akzeptable Gebühren haben Sie den entscheidenden Vorteil, frühzeitiger und in größerem Umfang Zugang zu veröffentlichten Stellenangeboten zu erhalten. Wer also ganz vorne dabei sein möchte, ist gut beraten, sich für die kostenpflichtige Mitgliedschaft zu entscheiden.

Da sich das gesamte Bewerbungsverfahren immer mehr auf diese Börsen verlagert, wird auch von Bewerbern ein immer professionellerer Umgang mit diesem Medium erwartet. Sollten Sie also unsicher im Umgang mit Börsen sein, oder Ihren Auftritt verbessern wollen, können Sie einen Vorteil durch die Inanspruchnahme dieses Serviceangebots gewinnen.

■■ Bedienbarkeit

Die Jobbörsen bieten unterschiedliche Möglichkeiten der komfortablen Suche an. Zum einen können verschiedene Filter, wie regionale und fachliche Wünsche, gesetzt werden. Oder Sie können über Stichwörter wie Firmennamen oder Qualifikationen Eingrenzungen vornehmen. Hier merken Sie ganz schnell, ob eine Börse nach einem System funktioniert, das Ihnen persönlich liegt oder nicht. Bei allen Börsen sollten Sie über die Schnellsuche hinaus eine Detailsuche vornehmen, um abzuschätzen, wie zufriedenstellend die Ergebnisse sind.

▪▪ Persönliche Eingrenzung

Internationale, regionale, berufsbezogene oder branchenorientierte Spezialbörsen sind dann für Sie gut, wenn sie genau den für Sie relevanten Bereich abdecken. Da ein Großteil der Jobbörsen durch Verlage und Zeitschriften aufgebaut ist, können Sie über die Eingabe der Titel Ihrer gewohnten Fachzeitschriften diese Börsen finden. Weiterführend gibt es immer wieder Aufstellungen über alle Jobbörsen. Einige Beispiele finden Sie unter ► www.Stellenboersen.de oder ► www.jobboerse-vergleich.de sowie ► www.berufszentrum.de.

Regionale Eingrenzungen lassen sich innerhalb aller Börsen vornehmen, darüber hinaus aber auch direkt über Portale, die einzelne Städte Deutschlands beschreiben, wie ► http://jobs.meinestadt.de, steuern.

▪ Aktive und passive Suche in Internet-Jobbörsen

Grundsätzlich bieten die Börsen zwei unterschiedliche Wege an, wie Sie zum passenden Job kommen können.

▪▪ Aktive Suche nach Stellenangeboten: finden

Dies ist das klassische Vorgehen, wenn Sie in der Kategorie Job-Suche Ihre Kriterien eingeben und dann eine Liste der ausgeschriebenen Stellen erhalten, die von Arbeitgebern platziert wurden. Diesen Vorgang wiederholen Sie immer wieder, bis zum erfolgreichen Treffer.

Die Herausforderung für Unternehmen bei der Schaltung von Personalanzeigen im Internet liegt darin, anschließend auch von der gewünschten Zielgruppe gefunden zu werden. Um dies zu gewährleisten, wählen Personalabteilungen die jeweiligen Börsen aus und unterstützen ihre Anzeigen durch die Hinterlegung von Schlüsselwörtern. Dies sollten Sie sich bei der Suche nach Jobs zunutze machen. Finden Sie für Ihr Berufsbild die klassischen zugeordneten Schlagwörter heraus. Beispiel: Mitarbeiter/innen für den Vertriebsinnendienst können mit den Schlüsselwörtern »Sales Assistance«, »Backoffice«, »Vertriebsassistenz«, »Verkaufsunterstützung« und »kaufmännischer Innendienst« gefunden werden. Je mehr dieser Begriffe Sie bei der Suche eingeben, umso höher ist die Wahrscheinlichkeit, auch alle geschalteten Anzeigen aufgelistet zu bekommen.

Aber warum selber ständig arbeiten? Lassen Sie die Arbeitgeber nach Ihnen suchen und auf Sie zukommen!

▪▪ Passive Suche nach Stellenangeboten: gefunden werden

Fast alle Jobbörsen verfügen auch über eine Bewerber-Datenbank, worauf sich Unternehmen den Zugang erkaufen können. Da die Gebühr für diesen zeitlich begrenzten Zugriff recht stolz ist, sind Arbeitgeber, die hier investieren, zumeist ernsthaft interessiert, wenn sie Kontakt zu Ihnen aufnehmen. Darüber hinaus handelt es sich bei dieser Art der Mitarbeiter-Rekrutierung um eine zeitlich und fachlich sehr aufwendige Vorgehensweise, die hauptsächlich in Unternehmen anzutreffen ist, die bereits den Fachkräftemangel kennengelernt haben und Bewerber als ein »kostbares Gut« schätzen.

Das ausgesprochen Interessante an diesem Vorgehen ist die Umkehrung der Verhältnisse. Nicht Sie als Bewerber wenden sich an das Unternehmen, sondern der Arbeitgeber stellt sich bei Ihnen vor und hofft Ihr Interesse wecken zu können. Er ist also in der Rolle, sich Ihnen als Unternehmen und die beschriebene Position gut präsentieren zu wollen, um eine positive Reaktion von Ihnen zu erhalten. Denn Ihre persönlichen Daten, wie Ihren Namen und Kontaktdaten geben Sie nur dann für das anfragende Unternehmen frei, wenn Sie es möchten. Sie werden erfahren, wie viel respektvoller der Umgangston hier sein kann!

Arbeitgeber haben teilweise sehr leidvolle Erfahrungen mit dem Umgang dieser Datenbanken sammeln müssen. Eine erfolgreiche Rekrutierung über diesem Weg funktioniert für einen Arbeitgeber nur bei seinem sehr schnellen Reagieren auf neu eingestellte Lebensläufe. Teilweise stellen Personalabteilungen Mitarbeiter ab, die quasi nach Stundenplan in den verschiedenen Datenbanken der Börsen nach neuen Kandidaten suchen. Hintergrund ist die Dynamik und Schnelllebigkeit des Mediums Internet. Interessante Mitarbeiterprofile werden so schnell von so zahlreichen Unternehmen und Personalberatern angeschrieben, dass bei den Kandidaten zu viele Emails eintreffen, um alle gleichermaßen interessiert zu prüfen. Oftmals werden verspätet eintreffenden Emails von Unternehmen gar nicht mehr genau angeschaut, geschweige denn beantwortet.

Da die Personalabteilungen aber unbeantwortete Anschreiben weiterhin als offene Anfragen betrachten und sich nach wie vor um eine Reaktion bemühen, hier eine Anmerkung: Auch in dieser Situation der Überlegenheit auf Kandidaten-Seite gebietet es der Anstand, eine kurze, wenn gewünscht anonyme, Absage zu formulieren. So wie Sie vom Unternehmen eine förmliche Mitteilung erhalten, sollten auch Sie bei Desinteresse nicht einfach die Anfrage ignorieren, sondern offiziell eine eindeutige Aussage treffen.

Und wer weiß schon, was die Zukunft bringt? Auch hier kann man sich im Leben zweimal begegnen!

▪ Tipps, um besser gefunden zu werden

Auch die Jobsuche »Andersherum« ist für Sie als Arbeitnehmer kostenlos. Sie können sowohl in Jobbörsen als auch in sog. Marketplaces ein sehr detailliertes Profil einpflegen, auf Wunsch anonym. Auf Unternehmensseite werden Pauschalen an die Börsen bezahlt, um Zugriff auf die Datenbanken mit Profilen zu erhalten. Um hier geeignete Kandidaten zu rekrutieren, vergleichen regelmäßig Mitarbeiter der Personalabteilung oder Fachbereiche ihre gesuchten Profile mit den platzierten Lebensläufen, wobei sie neben allgemeinen Kriterien wie Region, Berufserfahrung und Berufsbild auch nach speziellen Stichworten vorgehen. Demnach spielen die verwendeten Schlüsselwörter auch hier eine wichtige Rolle. So kann beispielsweise ein Lebenslauf mit dem Begriff »Vertriebsmitarbeiter« beschrieben sein und auf der anderen Seite findet eine Suche nach »Sales«, »Account Manager« oder »Verkäufer« statt. Das Ergebnis dieser Suche wird diesen speziellen Lebenslauf nicht berücksichtigen, da die Begrifflichkeiten nicht übereinstimmen. Ähnliche nicht entdeckte Kandidaten gibt es immer wieder im Sekretariatsbereich, wo die Begriffe »Assistenz«, »Bürokauffrau«, »Sekretärin«, »Kaufmännische Angestellte«, »Office ...« nebeneinander verwendet werden.

Um also wirklich auch bei den Suchen durch Arbeitgeber nicht versehentlich »durch die Maschen zu fallen«, sollten Sie möglichst alle verfügbaren Begriffe einfügen. Wir verfallen oft in den Fehler, den uns bekannten Begriff als allgemeingültig zu betrachten – aber diese Verwendungen variieren oftmals schon von Unternehmen zu Unternehmen. Auch hier empfehle ich die intensive Lektüre der Stellenanzeigen in großen Börsen, um die Bandbreite der Stellenbezeichnungen kennenzulernen.

Da die Unternehmen bei den Börsen die zahlenden Kunden sind, die nur bei erfolgreichem Einsatz dieser Methode Verträge verlängern, werden Personalabteilungen intensiv über dieses »Problem des Aneinander-Vorbeiredens« informiert und sie erhalten die Möglichkeit, bei jeder Personalanzeige versteckte Suchbegriffe zu hinterlegen, die gar nicht sichtbar im Text erscheinen. Diese Begriffe werden beim »Matching« im Hintergrund auch mit den Eingaben der Bewerber abgeglichen und so werden ergänzend die »Verkäufer« als passend gefunden, auch wenn der Anzeigentext den Begriff »Verkäufer« nicht beinhaltete, dieser Begriff aber als Suchbegriff zusätzlich eingegeben wurde.

Bei den Jobbörsen haben Sie die Möglichkeit, Ihr Profil mit allen persönlichen Angaben, wie Name, Wohnort, Telefonnummer oder lieber anonym einzugeben.

Die anonyme Platzierung bietet sich an, wenn Sie vermeiden wollen, dass Ihr jetziger Arbeitgeber von Ihren Wechselabsichten erfährt oder wenn Sie sich die Option frei halten wollen, Angebote per E-Mail über den Börsenbetreiber weitergeleitet zu bekommen, ohne direkt darauf antworten zu müssen.

Das Verhalten der Kandidaten in diesen CV-Datenbanken spiegelt immer sehr deutlich die momentane Situation des Arbeitsmarktes wider: In Zeiten mit einem Mangel an speziellen Berufsbildern sind Personalrecruiter gezwungen, im Stundentakt die entsprechenden Börsen abzurufen, um zu geeigneten Kandidaten sofort Kontakt aufzunehmen und somit in der »Reihe der Jobangebote« nicht so weit hinten zu landen, dass sie gar nicht mehr beachtet werden. Da diese CV-Datenbanken der Jobbörsen auch zu den Recherche-Gebieten der Personalberater gehören, sind diese Anschreiben nicht immer unbedingt als direktes Interesse zu interpretieren, sondern dienen teilweise lediglich dem Füllen von Datenbanken, um im späteren Bedarfsfall auf Sie zukommen zu können.

Entscheiden Sie sich dazu, Ihren Namen und Kontaktdaten offen darzulegen, kommt der Vorteil des Internets voll zur Geltung. Im Idealfall platzieren Sie sich und erhalten noch am selben Tag einen Anruf mit Einladung zu einem Gespräch.

Die Platzierung Ihres Lebenslaufs in der Jobbörse bedeutet anfangs einige Mühe, weil Sie ihn durch detaillierte Angaben in verschiedenen Feldern zeitaufwendig erstellen müssen. Diese Investition zahlt sich jedoch aus!

Auch hier spielt der Eintrag der richtigen Begriffe die entscheidende Rolle. Wenn später eine Suchmaschine der Jobbörse die Suchbegriffe des Unternehmens mit Ihrem Profil abgleichen wird, kann dies nur erfolgreich sein, wenn die entscheidenden Begrifflichkeiten übereinstimmen. Sollte also beispielsweise das Thema »Vertrieb« für Sie besonders interessant sein, sollten sowohl »Vertrieb«, als auch »Sales« und »Verkauf« als Wörter in Ihrem CV auftauchen. Oder wenn Sie Spezialist in einer konkreten Programmiersprache sind, nennen Sie diese in allen Variationen und Kürzeln, die gebräuchlich sind.

▪▪ Anlegen eines Suchprofils

In starker Vereinfachung gilt Ähnliches für das Erstellen und Hinterlegen Ihrer Suchmaske in der Börse. Im Minimalfall besteht Ihr Profil nur aus zwei Suchbegriffen, wie »Vertrieb« und »Hamburg«. Dann wird der automatische Abgleich der Jobbörse jede Übereinstimmung dieser beiden Begriffe mit neu eingestellten Stellenangeboten als Treffer täglich, wöchentlich oder nach selbstbestimmtem Takt per E-Mail an Sie weiterleiten. So werden Sie immer informiert, wenn eine neue Stelle Ihren Interessen entsprechen könnte und Sie brauchen nur noch diese vorselektierten Jobs weiter zu beachten.

▪ Allgemeine Hinweise zum Umgang mit den Börsen

▪▪ Hilfe

Obwohl die Börsen zumeist selbsterklärend sind, erhalten Sie immer aussagekräftige Erläuterungen und weiterführende Angaben über eine Hotline. Bevor Sie also lange an einem Problem herumprobieren, nutzen Sie den Telefonservice oder den Mail-Service dieser Jobbörsen. Hier erhalten Sie schnell freundliche und kompetente Auskünfte zu Ihren Fragen. Viele Hotlines sind kostenlos, bei der Arbeitsagentur zahlt man 3,9 Cent pro Minute, ansonsten meistens den Festnetzpreis.

▪▪ Speichern interessanter Angebote

Wenn Sie ein interessantes Stellenangebot entdecken, ist es praktisch, es direkt auf einer persönlichen Liste zu speichern, wie es die meisten Börsen vorsehen. Es gibt jedoch einige Börsen, die diesen Komfort nicht anbieten – hier sollten Sie dann die Stellenausschreibung entweder gleich ausdrucken (auf Papier oder als PDF) oder an Ihre eigene E-Mail-Adresse senden.

Mit diesem Hintergrundwissen zum Umgang mit Internet-Jobbörsen steigen Sie nun ein:

- **Konkretes Vorgehen beim Kennenlernen der Internet-Jobbörsen**

Verschaffen Sie sich erst mal einen möglichst breiten Überblick. Es erleichtert die Suche sehr, wenn Sie zu Beginn sehr weitläufig durch die großen Jobbörsen surfen, um ein Gefühl dafür zu entwickeln, welche Stellen es momentan am Markt gibt und wie diese beschrieben sind. Durch das Lesen vieler Anzeigen gewöhnen Sie sich schneller an die »Sprache« und erkennen, welche Aussagen Standard sind und in welchen Angaben sich Stellen unterscheiden. Außerdem wird der Zeitpunkt kommen, wo Sie auf Stellenanzeigen antworten werden und da ist es ein großer Vorteil, in der verwendeten Sprache »mitreden« zu können.

DO IT!

- **Ersteinstieg über die großen Jobbörsen**

▪▪ ▶ http://jobboerse.arbeitsagentur.de/

Die Jobbörse der Arbeitsagentur ist mittlerweile eine Datenbank, die kaum ein Unternehmen ignoriert, wodurch sie das ideale Suchgebiet für eine erste Übersicht bietet. Da das Einstellen von Jobs kostenlos für die Arbeitgeber ist, können kleine Unternehmen hier kostensparend inserieren und große Unternehmen haben nichts zu verlieren, wenn sie hier neben einer Anzeige in einer kostenpflichtigen Börse zusätzlich auch ihre offene Stelle platzieren. Durch kontinuierliche Weiterentwicklung hat die Börse in den letzten Jahren sehr an Attraktivität gewonnen, wodurch sie mittlerweile für ein breites Publikum von Interesse ist und wirklich Stellenangebote aller Fachrichtungen enthält.

Inhaltlich werden die Angaben und Forderungen der Arbeitgeber systematisch nach vorgegebenen Kriterien ausgefüllt und lassen sich auf den ersten Blick direkt miteinander vergleichen.

Zusätzlich zur Vermittlung gibt es auch ein reichhaltiges Informationsangebot mit Statistiken zum Arbeitsmarkt, Bewerbungstipps, einer großen Datenbank für Aus- und Weiterbildung (KURS) bis hin zu einer ausführlichen Datenbank mit Ausbildungs- und Tätigkeitsbeschreibungen (BERUFEnet), in der man sich aktuell informieren kann.

Zielgruppe dieser Börse ist der gesamte Arbeitsmarkt.

▪▪ ▶ http://monster.de

Seit 1994 aktiv, bietet Monster Worldwide ein umfassendes Service- und Informationsprogramm rund um Beruf und Karriere. Es ist das weltweit größte Karriere-Netzwerk im Internet, das seit 2000 auch in Deutschland aktiv ist und mittlerweile als die Jobbörse mit dem höchsten Bekanntheitsgrad und guter Übersichtlichkeit gilt. Der frühere Wettbewerber Jobpilot GmbH gehört seit April 2004 zur Monster Worldwide Inc.

Nach eigenen Angaben nehmen mehr als 490 der 500 größten Unternehmen weltweit die Dienste von Monster Worldwide in Anspruch.

Zielgruppe der Börse sind Fach- und Führungskräfte.

▪▪ ▶ http://StepStone.de

1996 gegründet, ist StepStone auch einer der Pioniere im Bereich Online-Recruitment. In Deutschland ist StepStone mit mehr als fünf Millionen Besuchen monatlich einer der stärksten und meist besuchten Online-Stellenmärkte.

Die neutrale Jobbörsen-Untersuchung durch den Westpress Media-Leistungstest bescheinigte in 2014 StepStone die meisten Bewerbungen überhaupt und darüber hinaus punktete die Börse auch bei der Anzahl qualitativ hochwertiger Bewerbungen. Diese Auswertungen bedeuten natürlich Kundengewinne bei den zahlenden Kunden, sprich Arbeitgebern. Der Gewinn für Sie als Stellensuchenden liegt somit in einer immer größer werdenden Anzahl von Stellenanzeigen.

Die Börse richtet sich ausschließlich an Fach- und Führungskräfte.

▪▪ ▶ http://JobScout24.de

Die JobScout24 GmbH ist Teil der Scout24-Gruppe, die wiederum Teil des Deutsche Telekom Konzerns ist. Mit derzeit über 3,3 Millionen Besuchern pro Monat und über 250.000 Stellenangeboten gehört sie seit mehr als 10 Jahren zu den großen Börsen. Die Börse hat eine sehr übersichtliche, intuitive Benutzeroberfläche und praktische Zusatzfunktionen.

Die Börse spricht als Zielgruppe hauptsächlich Fach- und Führungskräfte an.

▪▪ ▶ http://www.Stellenmarkt.de

Das Karriereportal wird seit 1997 von dem Frankfurter Unternehmen Ad Partner Stellenmarkt AG betrieben und bietet für Unternehmen und Bewerber Unterstützung bei der zielgerichteten Suche nach qualifiziertem Personal bzw. dem passenden Job. Sie gilt als innovativer Anbieter mit hoher Aktualität der online eingestellten Stellenangebote.

Der Karrierecharakter wird hervorgehoben durch vorgegebene Fachportale »Finanz«, »Medizin«, »Marketing«, »Ingenieur«, »IT« und regionale Schwerpunkte für eine Schnellsuche in den Ballungsgebieten »Berlin«, »Hamburg«, »München«, »Düsseldorf« und »Köln«.

Interessant: Mit **Joboter** bietet die Jobbörse eine eigene Job-Suchmaschine für Firmenseiten. Mehr als 2000 registrierte Arbeitgeber-Homepages werden täglich nach neuen Stellenanzeigen durchsucht und auf Wunsch werden Sie über Ihren Suchbegriffen entsprechende Stellenangebote informiert.

Das Karriereportal richtet sich an Fach- und Führungskräfte.

■ ■ ▶ **http://www.Jobware.de**

Das Karriere-Portal wurde 1996 gegründet. Als Tochter der Medien Union schaltet Jobware Stellenanzeigen von Unternehmen aus allen Bereichen, welche dann im Verbund mit mehr als 300 Partnern veröffentlicht werden. Dadurch agiert Jobware mit einer besonders großen Reichweite und mit relativ hohem Bekanntheitsgrad.

Das Portal zeichnet sich durch einen hohen Anspruch an die eigene Informationsqualität, Treffergenauigkeit und durch einen Kundenkreis aus, der dies langjährig zu schätzen weiß. Dadurch gehört Jobware zu den zuverlässig führenden Online-Stellenmärkten in Deutschland.

Die Zielgruppe sind qualifizierte Fach- und Führungskräfte.

■ ■ ▶ **http://www.Acumeo.de (früher: Expertia.de)**

Das 2007 ins Leben gerufene Job-Netzwerk gilt als Pionier für Experten mit mindestens 25 Jahren Berufserfahrung. Hier stellen mittlerweile renommierte Unternehmen zu kalkulierbaren Preisen ihre Anzeigen ein, und Sie als Jobsuchender können Ihr Profil gratis platzieren und sich mit anderen vernetzen.

Als Zielgruppe werden berufserfahrene Experten angesprochen. Das Durchschnittsalter der Kandidaten liegt bei 52 Jahren.

■ ■ ▶ **http://www.experteer.de**

Der seit 2006 aktive Karrieredienst Experteer GmbH ist ein Unternehmen der Verlagsgruppe Georg von Holtzbrinck.

Das Geschäftsmodell von Experteer stellt den üblichen Vorgang auf den Kopf: Es richtet sich an aktive Bewerber, die in ihren eigenen Karriereweg investieren wollen und so mehr Transparenz über den sonst weniger öffentlichen Markt gewinnen wollen. Es ist der Eintritt in die Welt des Headhunting mit dem Zugang zu Spitzenpositionen in Unternehmen, den Sie sich damit erkaufen können.

In dieser Börse treffen Headhunter auf Bewerber. Beide können gratis einen Basis-Nutzen erhalten, der wirkliche Vorteil mit allen Informationen und Eingrenzungsmöglichkeiten wird jedoch erst über eine Premium-Mitgliedschaft gegen eine Gebühr erzielt.

Sie als Experteer-Mitglied können sich hier positionieren und auf die Kontaktaufnahme durch Headhunter warten. Das Bereitstellen von Stellenausschreibungen und die Möglichkeit zur Recherche in der Lebenslauf-Datenbank sind für Headhunter teilweise kostenlos.

Experteer richtet sich an Spitzenkräfte mit gehobenem Bildungs- und Einkommensniveau (ab einem Jahresgehalt von 60.000 €) aus den verschiedenen Branchen.

■ **Berücksichtigung Ihrer persönlichen Situation**

Wie Sie sehen, bedeutet die Suche nach Stellenangeboten ein langsames Einkreisen und Annähern an Ihre Vorstellungen. Nachdem Sie nun in etwa wissen, wie der Markt aussieht, schränken Sie die Suche nach Ihren eigenen Kriterien ein.

Ihre besten Filter bieten die zuvor definierten persönlichen Rahmenbedingungen (► Kap. 2). Also die Region, Vollzeit, Teilzeit, Branche …

In den großen Börsen sind Arbeitgeber vertreten, die für ihre Stellensuche etwas tiefer in die Tasche gegriffen haben, denn innerhalb des Mediums Internet werden hier die höchsten Anzeigenpreise verlangt. Nach sehr turbulenten Zeiten Ende der 90er-Jahre und Anfang 2000, als viele Jobbörsen aufkamen und wieder untergingen oder aufgekauft wurden, hat sich der Markt in den letzten Jahren geordnet und die großen Börsen haben stabile Preise entwickelt. Sie begründen diese Preise gegenüber den Unternehmen mit einer großen Reichweite und Leserschaft. Darüber hinaus haben sie zahlreiche aufwendige Funktionen hinterlegt, die Arbeitgebern die Bewerbersuche und verwaltung erleichtern. Da die Entwicklung und Pflege dieser Systeme ihren Preis hat, wissen Sie nun, dass hinter einer Anzeige bei diesen Börsen ein Unternehmen steht, das etwas mehr Geld ausgegeben hat. Naturgemäß sind dies Mittelstand und Großunternehmen.

4.1.3 Homepages von Unternehmen – wenn Sie wissen, wohin Sie wollen

Neben der allgemeinen Suche gibt es immer den einen oder anderen Wunsch-Arbeitgeber, den man persönlich für sich definiert hat. Mit regelmäßigen direkten Zugriffen auf die Karriereseiten der Unternehmen können Sie sich über deren jeweilige Personalsituation informieren. Langfristig erhalten Sie auf diesem Wege wertvolle Informationen über die Stimmungen, aktuelle Strömungen und Trends des Unternehmens.

4.1.4 Auch als Ü-40 ins »Social Media«

AHA-INFOS

Im Internet gewinnt der Bereich der sozialen Netzwerke auch immer mehr an Bedeutung für die Bewerberselektion und Kandidatenansprache. Viele Unternehmen schichten Budgets im Marketing-Mix um, da sie die Bedeutung von Social Media Marketing nicht mehr ignorieren können. Über diese Plattformen präsentieren sich mittlerweile Behörden, Unternehmen und Privatpersonen auf gleicher Augenhöhe und tauschen als Mitglieder ihre Meinungen und Erfahrungen aus.

Speziell die Recruiter in den Personalabteilungen können über diesen Weg so schnell, direkt und persönlich wie noch nie mit interessanten Kandidaten in Kontakt kommen. Treffen Sie auf ein Unternehmen mit Personal-Aktivitäten im Web 2.0-Bereich, können Sie dieses als engagiert und aufgeschlossen einstufen, denn dieses Medium »lebt« nur, wenn die Personalabteilung proaktiv die sehr zeitintensiven Kommunikationsmaßnahmen und prozesse lebt.

Je mehr das Thema Fachkräftemangel in den Fokus rückt, umso stärker versuchen Unternehmen speziell den Nachwuchs zielgruppengerecht anzusprechen. Dies gelingt besonders wirtschaftlich über die sozialen Netzwerke, wo das durchschnittliche Mitgliedsalter sich leicht über 30 Jahren bewegt, die höchsten Zuwachsraten allerdings bei Mitgliedern um die 20 Jahre liegen.

Sollten Sie bisher erfolgreich die Nutzung dieser interaktiven Online-Kommunikation vermieden haben, belegt dies den Trend, dass sich an der Eingangstür zu diesen Welten die Generationen trennen. Die Altersgrenze von 40 Jahren führt zu einer relativ scharf gezogenen Linie zwischen Ablehnung und ganz selbstverständlichem Einsatz dieser Plattformen.

Hier eine kleine Übersicht der Netzwerke mit jeweils mehreren Millionen Mitgliedern:

LinkedIn Die internationale Plattform LinkedIn wird von Fach- und Führungskräften zum Aufbau eines Netzwerkes genutzt, um Informationen auszutauschen und Karriere- und Geschäftschancen zu generieren.

Die Betonung liegt auf Ihrem Online-Karriereprofil, welches Sie eingeben und verwalten, um mit Kollegen in Kontakt zu bleiben, aber auch Karriere- und Geschäftsverbindungen neu zu entwickeln.

Es gibt einen weltweiten Stellenmarkt mit der Möglichkeit einer Schnellsuche über die Eingabe von Stichwörtern und einer erweiterten Suche gezielt über Land, Postleitzahl, Stellenbezeichnung und Unternehmen.

Xing Das Business-Netzwerk hat einen Fokus auf Geschäftsleute und Berufstätige, die sich zur Vernetzung und Kontaktpflege hier angemeldet haben. Die Plattform wird intensiv zur Karrierepflege eingesetzt. Da mittlerweile sowohl Personalberater als auch die Recruiter der Personalabteilungen verstärkt in dem Netzwerk nach zukünftigen Mitarbeitern suchen, wurde eigens eine Jobbörse integriert.

Twitter Plattform zum schnellen Austausch von Informationen (»Mikroblogging«) und zur Verbreitung von Nachrichten. Als angemeldeter Benutzer können Sie kurze Nachrichten »Tweets« (max. 140 Zeichen) eingeben und Leser, die daran interessiert sind, können diese als sog. »Follower« abonnieren.

Unternehmen, die über diese Plattform kommunizieren, stellen Job-Tweets ein. Diese erhalten Sie als Tweet, indem Sie sich entweder als Follower grundsätzlich für das Unternehmen eintragen und dann jeden Tweet dieses Unternehmens erhalten, oder Sie geben in der Twittersuche Jobtitel und Ort ein, um einen Überblick zu bekommen.

Ihr Vorteil als Follower einer bestimmten Person oder eines Unternehmens liegt in einer extrem zeitnahen Informiertheit bezüglich aktueller Geschehnisse.

Weitere Online-Plattformen mit mehr privatem Charakter sind:

Facebook Benutzer platzieren sich mit einer Profilseite und können über eine Pinnwand öffentlich sichtbar oder persönlich in Kontakt mit anderen Benutzern treten.

StayFriends Über Schule und Abschlussjahr kann man alte Freunde finden und in Kontakt treten.

Wer-kennt-wen Über reale Namen können Freunde, Verwandte, Bekannte gefunden werden.

Vznet Netzwerke: StudiVZ, SchülerVZ, MeinVZ (VZ steht für Verzeichnis) Die Zielgruppen (Studenten, Schüler, Nichtstudenten) platzieren sich und tauschen sich aus, sie können Gruppen beitreten und chatten.

Allerdings ist bei der Kommunikation im Web 2.0 äußerste Vorsicht geboten! Chancen und Risiken liegen hier für Privatpersonen sehr nah beieinander!

4.1.5 Bewerbungsfalle oder-vorteil Persönliche Daten im Internet

- **Bewerbungsfalle: persönliche Daten im Internet**

Um zu einem umfassenderen Eindruck über ihre Bewerber zu gelangen, werfen im Einstellungsprozess immer mehr Arbeitgeber nicht nur einen Blick in die eingereichten Bewerbungsunterlagen, sondern auch ins Internet. Bei diesem sog. Background-Check online werden sie auch meistens fündig, da ca. 70% der Bewerber mit irgendwelchen Informationen im Internet vertreten sind.

Je nach Unternehmensphilosophie oder Anforderung an die Persönlichkeit des neuen Mitarbeiters kann es sein, dass er hier ungewollt die eine oder andere Information »zu viel« hinterlassen hat. Dabei muss es sich nicht zwangsläufig nur um peinliche oder intime Inhalte (v. a. Partybilder), zwielichtige Gruppenzugehörigkeiten oder Usernamen (Haudraufmüller, Saufmeier …) handeln, sondern eine übertriebene Offenheit alleine kann schon dazu führen, dass in der Personalabteilung Rückschlüsse auf Verhaltenstendenzen gezogen werden und ein ansonsten qualifizierter Kandidat nicht zum Gespräch eingeladen wird.

Manchmal wird jedoch erst das Bewerbungsgespräch selbst genutzt, um Bewerbern die Gelegenheit zur Erläuterung ihrer Profilangaben in Netzwerken zu geben.

Allerdings werden Unternehmen hier langsam zurückhaltender und v. a. verschwiegener über gesammelte Informationen, denn den fast unbegrenzten Recherchemöglichkeiten im Web 2.0 stehen datenschutzrechtliche Gründe und der Schutz des Allgemeinen Persönlichkeitsrechts des Bewerbers gegenüber. Demnach besteht das Informationsrecht des potenziellen Arbeitgebers nur für solche Daten, die berufliche Eignungen und Anforderungen beschreiben, und sind nicht mehr vertretbar, wenn sie eine Ausforschung des privaten Hintergrunds des Bewerbers betreffen.

Folgerichtig wird Arbeitgebern in dem von der Bundesregierung im August 2010 vorgelegten Gesetzentwurf zum Beschäftigtendatenschutz der Background-Check online in privaten Netzwerken, wie Facebook untersagt. Die Recherchen dürfen sich zukünftig nur noch auf berufliche Präsentationen des Bewerbers, wie in XING oder LinkedIn üblich, beschränken. Diese rechtliche Lage führt zu dem neuesten Vorgehen von Unternehmen, sich von den Bewerbern eine schriftliche Genehmigung zum Online-Background-Check geben zu lassen.

▪ Das Internet vergisst nicht!

Wer sich jedoch dazu entschließt, persönliche Daten im Internet zu platziert, hat kaum Möglichkeiten, deren Verbreitung zu kontrollieren, geschweige denn, sie jemals zuverlässig wieder herauszunehmen, da sie weltweit zur Verfügung stehen, um kopiert, verändert und wieder neu platziert zu werden.

Speziell »Jugendsünden« mit unvorteilhaften Fotos und lockeren Beiträgen können da schon mal zum Stolperstein werden, wenn man plötzlich in die Situation kommt, dass man sich eigentlich gerade von seiner besten Seite präsentieren möchte.

Die späte Reue dieser Platzierungen hat bereits zu einem ganz neuen Geschäftstrend geführt: Es gibt mittlerweile professionelle Unternehmen, die sich darauf spezialisiert haben, für Kunden ein sog. »Online-Reputations-Management« durchzuführen, indem sie das Internet regelmäßig nach rufschädigenden Einträgen durchsuchen und diese auch entfernen.

▪ Bewerbungsvorteil: persönliche Daten im Internet

Es wäre jedoch zu einfach, nun die Entscheidung zu treffen, im Internet am besten gar nicht präsent zu sein. Denn wenn Ihr potenzieller Arbeitgeber nach Informationen sucht, um sich über Sie als Gesamtperson ein Bild zu machen, sollten Sie den Bereich Internet nicht dem Zufall überlassen!

Gestalten Sie Ihre Online-Reputation bewusst selbst, denn die richtigen Informationen am richtigen Platz bereitzustellen, ist sehr hilfreich bei der Jobsuche.

▪ So können Sie eine erfolgreiche Reputation im Internet schaffen

DO IT!

1. Geben Sie in Suchmaschinen Ihren eigenen Vor- und Nachnamen ein und überprüfen Sie die ersten 50 Einträge. So gewinnen

Sie einen Überblick über Ihre Online-Wirkung und mehr Mühe investiert auch keine Personalabteilung.

2. Überprüfen Sie Ihre Mitgliedschaften in Netzwerken. Wurde Ihr letztes Schüler-Jahrgangstreffen möglicherweise über eine dieser Plattformen organisiert und stehen dort nun die gesammelten Feierbilder und Kommentare?
3. Sollten ungewünschte Informationen über Sie auf weiteren Websites im Netz sein, auf die Sie keinen direkten Zugriff haben, so wenden Sie sich direkt mit der Bitte um Entfernung an den Webmaster der Seite.
4. Spielen Sie nicht mit fiktiven Usernamen, sondern geben Sie Ihren tatsächlichen Namen an. Wenn Ihre Einträge seriös sind, brauchen Sie sich nicht zu verstecken und Sie wollen ja von Personalverantwortlichen auch gefunden werden und dann nicht irgendeinem lächerlichen Usernamen zugeordnet sein.
5. Schreiben Sie nur Informationen in Ihre Profile, die Sie guten Gewissens auch von Ihrer Familie, dem Arbeitgeber oder dem Nachbarn lesen lassen könnten.
6. Verwenden Sie ein professionelles Bild. Sie sind kein Teenie in Feierlaune mehr und die Wahrnehmung des Menschen ist stark über die Augen gesteuert, woran bei Durchsicht Ihres Profils die Entscheidung »weiterlesen« oder »uninteressant« gekoppelt ist.
7. Pflegen Sie Ihr aufgebautes Netzwerk. Verlinken Sie Ihre Seiten, das erhöht Ihre Präsenz bei Suchmaschinen.
8. Geben Sie in Suchmaschinen einen Alert (Warnmeldung) für Ihren Namen ein, damit Sie informiert sind, was über Sie im Netz geschrieben wird.

Mit einem gezielten Gestalten Ihres Auftritts geben Sie Ihrer Karriere den entscheidenden »Kick« in die richtige Richtung!

Und – im Idealfall erhalten Sie auf Ihr Handy eine SMS, die lautet »Willst du mit mir gehen? Suche Teamleiter-Kollegen für Otto.de« (Beispiel einer Personalsuche von Unilever).

4.2 Ihr Freund und Helfer: Der Personalberater

AHA-INFOS

Parallel zu allen transparent im Markt sichtbaren Job-Offerten gibt es einen großen Teil niemals veröffentlichter Vakanzen in den Unternehmen, die jedoch auch alle mit neuen Mitarbeiten besetzt werden. In diesen Fällen spielt zumeist Unternehmenspolitik eine große Rolle und langjährige vertrauensvolle Partnerbeziehungen zwischen Unternehmen und Personalberatern.

Grundsätzlich lässt ein Arbeitgeber gerne eine Position durch einen Personalberater belegen, wenn es um eine wegen der gesuchten Qualifikation sehr schwierige Suche geht. Dies kann daran liegen, dass die gesuchten Profile gerade am Markt sehr begehrt sind und man alleine durch das Schalten von Anzeigen keine guten Kandidaten erhält. Hier können Personalberater durch ihre Netzwerke oder Headhunting an Kandidaten herankommen, die ansonsten nicht aktiv auf dem Arbeitsmarkt nach Stellen suchen.

Auch wenn im großen Stil Mitarbeiter eingestellt werden, deren Suche eine Personalabteilung überlastet, werden ergänzend durch Personalberater vermittelte Kandidaten eingestellt.

Manchmal reicht auch das Image eines Unternehmens nicht aus, um bei anspruchsvollen Kandidaten Interesse zu wecken. Da ist es eine gute Strategie, einen renommierten Personalberater eine Anzeige mit seinem Namen schalten zu lassen, umso den Bewerbereingang zu optimieren.

Es gibt auch Situationen, wo innerhalb eines Unternehmens noch nicht bekannt werden soll, dass bald eine Einstellung auf eine bestimmte Stelle geplant ist. Um dann nicht durch Personalanzeigen die Belegschaft zu irritieren, gibt man frühzeitig einem vertrauensvollen Partner den Auftrag für eine Personalsuche, damit er ohne Nennung des suchenden Arbeitgebers bereits aktiv werden kann.

Die Vermittlungshonorare der Personalberater liegen bei ca. 20–30% der erzielten Jahreseinkommen erfolgreich eingestellter Kandidaten.

Da diese Gebühren in der Regel ausschließlich auf Arbeitgeberseite anfallen, eröffnet sich hier für Sie ein weiterer Weg der Platzierung Ihres Profils.

Die Wahl des geeigneten Personalberaters sollten Sie in Abhängigkeit von Ihren Zielen treffen. Die großen Namen der Branche haben zumeist auch Zugang zu den bekannten Unternehmen. Es gibt jedoch eine Vielzahl branchenspezialisierter, kleinerer und durch Fleiß und Engagement erfolgreicher Personalberater, die regional Vorteile mitbringen.

Das Kapital dieser Berater sind ihre Netzwerke und ihre umfangreichen Kandidaten-Datenbanken mit hinterlegten Lebensläufen. Bei Suchaufträgen erfolgt in einem ersten Schritt ein Abgleich dieser vorhandenen Profile mit den Anforderungen des Kunden. Befindet sich das passende Profil in der Datenbank, wird der Kandidat kontaktiert, um herauszufinden, ob er aktuell wechselwillig ist und ob er Interesse an einem weiterführenden Gespräch mit dem Unternehmen XY hat.

Um Ihr Profil bei einem Berater zu hinterlegen, sollten Sie sich vorab telefonisch oder in einem direkten Termin einen Eindruck über ihn, seine Arbeitsweise und seine Kunden verschaffen. Entscheiden Sie erst dann, ob Ihre Daten dort an einer guten Adresse sind, denn sie sollten ausschließlich bei diesem einen Partner hinterlegt werden. Es ist weder in Ihrem noch im Interesse des Personalberaters, dass Sie gleichzeitig verschiedene Partner bei der Jobsuche haben, denn dies führt möglicherweise zu der Situation, dass Ihr Profil von mehreren Seiten bei ein und demselben Unternehmen vorgelegt wird. Dieses Vorgehen wirkt auf Personalabteilungen entweder unseriös oder verzweifelt.

Einen guten Personalberater erkennen Sie daran, dass er sich Zeit für Sie nimmt und Ihr Profil nicht wahllos jedem Kunden vorlegt. Achtung ist geboten bei Beratern, die rein auf Erfolgsbasis arbeiten. Da die Unternehmen nicht vorab durch eine Anzahlung in die Zusammenarbeit investiert haben, entsteht für sie kein finanzielles Risiko und sie wenden oftmals nicht die erforderliche Zeit für eine intensive Kommunikation auf. Diese mangelnden Informationen kann der Personalberater nur durch eine Vielzahl eingereichter Profile wettmachen. Er verteilt also in Masse seine vorhandenen Profile, welche zwar anonymisiert wurden, aber doch einen gewissen Wiedererkennungswert bieten.

Durch die Wahl eines guten Personalberaters gewinnen Sie im Idealfall einen Coach für Ihre weitere berufliche Laufbahn.

4.3 Der Besuch von Job- und Karriere-Messen

Deutschlandweit werden von verschiedenen Branchen mit unterschiedlichen Schwerpunkten Veranstaltungen durchgeführt, um Unternehmen und interessierte Bewerber zusammenzubringen.

Eine Teilnahme an diesen Events ist für Schul- und Hochschulabsolventen sowie Young Professionals mittlerweile eine Selbstverständlichkeit geworden.

Dieser Art des direkten, unkomplizierten Austauschs sollten Sie sich auch bedienen. Die persönliche Begegnung von Mensch zu Mensch vereinfacht und verkürzt den Bewerbungsprozess.

Von speziellem Interesse für erfahrene Bewerber dürften hier die mehrfach für ihr Konzept ausgezeichneten Jobmessen von »job40plus« sein. Diese richten sich bewusst und ausschließlich an erfahrene Fach- und Führungskräfte. In verschiedenen Städten werden jeweils für einzelne Branchen (Automobil & Luftfahrt / IT & IT-Consulting, Maschinenbau /Finance / Consulting, Pharma / Bio(Technologie) / Chemie / Medizintechnik) jeweils eintägige Messen angeboten.

Diese bieten Ihnen die Möglichkeit, mit teilnehmenden Unternehmen nicht nur auf dem Messestand erste Informationen auszutauschen, sondern wirkliche Vorstellungsgespräche in abgetrennten Besprechungsräumen zu führen. Neben suchenden Firmen bieten auch Karriere- und Imageberater sowie Trainingsinstitute und Weiterbildner ihre Unterstützung an und es werden zielgruppenorienterte Vortragsprogramme und Podiumsdiskussionen angeboten.

Der einzige Nachteil dieser Börsen liegt darin, dass sie nicht permanent passend zu Ihren Ansprüchen verfügbar sind. Sollte jedoch eine Veranstaltung, die Ihrer Zielgruppe entspricht, in dem Zeitraum Ihrer Suche stattfinden, sollten Sie diese Chance nutzen, da sie eine ausgesprochen hohe Erfolgswahrscheinlichkeit bietet.

DO IT!

Zusammenfassung

Stellenanzeigen werden nach wie vor auch in Printmedien platziert, dem Internet wird jedoch meistens aus Preis- und Aktualitätsgründen der Vorzug gegeben. Neben diesen transparenten Jobangeboten gibt es eine verdeckte, durch Personalberater bediente, Personalsuche. Die Suche nach Stellenangeboten im Internet kann über Jobsuchmaschinen, Jobbörsen, Homepages und Social-Media-Plattformen erfolgen.

- Das Internet ist zum 24-Stunden × 7 Tage Hauptmedium für den Stellenmarkt geworden.
- Im Internet findet man Jobs und wird von Jobanbietern gefunden: Sie können aktiv in Börsen immer wieder über Schlüsselbegriffe nach aktuellen Stellenangeboten suchen und gleichzeitig passiv auf Reaktionen auf Ihren in Datenbanken hinterlegten Lebenslauf warten. Darüber hinaus können Sie eine Suchmaske anlegen, bei welchem die Jobbörse ein Matching vornimmt und Sie über passende Stellen per E-Mail informiert.
- Bewerber stehen vor einer unüberschaubar großen Anzahl von Internet-Jobbörsen.
- Es gibt nicht »die beste Internet-Jobbörse«, sondern Sie sollten herausfinden, welche Börse für Sie persönlich die interessantesten Jobs bietet.
- Allgemeine Qualitätsmerkmale für gute Jobbörsen sind:
  - Aktualität der Jobangebote,
  - das Service-Angebot und
  - leichte Bedienbarkeit.
- Die für Sie persönlich beste Jobbörse muss darüber hinaus die richtige Branche und Region bedienen.
- Es ist kein Zufall, wenn man in diesen Börsen schnell Jobs findet oder gefunden wird, sondern Strategie!

Ein großer Teil offener Stellen wird dem breiten Publikum nicht bekannt gegeben, sondern verdeckt, mit der Unterstützung durch Personalberater, besetzt. Ein guter Berater an Ihrer Seite kann Sie durch Ihre gesamte Karriere hindurch begleiten.
Der neueste Trend des Personalrecruitings findet im Social-Media-Netzwerk statt. Wenn Sie hier aktiv werden wollen, sollten Sie dabei mit Ihren Informationen lieber spärlich umgehen. Seien Sie sich dessen bewusst, dass das Internet »niemals vergisst«. Um eine gute Reputation im Internet zu haben, ist die Einhaltung gewisser Regeln erforderlich.
Der Besuch von Karriere-Messen bietet die Möglichkeit zum unkomplizierten persönlichen Austausch.

Was sagen Stellenanzeigen aus?

A. Eggert, *Ab 40 bewirbt man sich anders,*
DOI 10.1007/978-3-642-41171-7_5, © Springer-Verlag Berlin Heidelberg 2015

AHA-INFOS

Aller Anfang einer Stellenanzeige ist ein Personalbedarf in einem Unternehmen. In einem Fachbereich entsteht kurzfristig oder in absehbarer Zeit eine Lücke, die durch einen neuen Mitarbeiter geschlossen werden soll. Nun ist der Verantwortliche in der Situation, die Aufgaben und Anforderungen in ihrer Idealform zu ermitteln und gibt diese Information zumeist an eine Personalabteilung weiter, deren Aufgabe es ist, daraus eine den aktuellen Marktanforderungen entsprechende Personalanzeige zu entwickelt. In kleineren Unternehmen liegen diese Schritte oftmals alle in einer Hand – dies sind dann eher die Anzeigen, wie sie in den Börsen der Arbeitsagentur oder bei Kleinanzeigen zu finden sind.

Eine erste Information über die Investition bei der Personalsuche erhalten Sie bereits über das Medium, in welchem die Stellenanzeige platziert wurde.

Traditionelle Personalanzeigen in Printmedien, wie Tageszeitungen, sind verhältnismäßig teuer. Überregionale Zeitungen nehmen für eine etwa ¼-seitige Stellenanzeige bis zu 20.000 € von ihren Kunden.

Wer in regionalen Tageszeitungen inseriert, beabsichtigt zumeist auch Imagewerbung innerhalb der Region und geht davon aus, geeignete Bewerber im regionalen Umkreis zu finden. Die zweite Auswirkung dieser Anzeige im Stellenmarkt einer Zeitung liegt in terminlich gut berechenbaren Bewerbungseingängen von ca. 10 Tagen Dauer nach Anzeigenschaltung.

Unternehmen haben in ihrer Anzeigen-Planung immer gerne zwischendurch eine solche Printanzeige, weil sie das Unternehmen insgesamt als erfolgreich, nach Personal suchend darstellt und mit diesem Image dadurch auch alle weiteren preiswerteren Personalsuchen über das Internet stützt. Sieht ein Leser später in Börsen den Namen des Unternehmens, erinnert er sich »aha, die suchen ja regelmäßig« und interpretiert, ein erfolgreiches, vielleicht expandierendes Unternehmen vor sich zu haben.

Vor dem Hintergrund steigender Umsatzzahlen und des allgemeinen wirtschaftlichen Aufschwungs zeichnet sich momentan ein Aufleben der Printanzeigen ab. All jene Unternehmen, die ihre schwierigen Zeiten hinter sich gelassen haben, wollen dies natürlich möglichst marketingwirksam demonstrieren, indem sie neue Mitarbeiter nicht versteckt über Internetbörsen oder andere direkte Kanäle suchen, sondern an zentralen Stellen, wo es von möglichst vielen Lesern wahrgenommen wird: In der Samstagsausgabe der Zeitung, die man mit mehr Ruhe liest und über die man sich am Wochenende austauscht.

Neben der Größe einer Anzeige zeigt noch deutlicher die Entscheidung über die Gestaltung in schwarz-weiß oder farbig etwas über den Stellenwert der Suche aus. Anzeigen werden in Printmedien durch das Thema Farbe richtig teuer. Farbe bedeutet den Luxus, am Inhalt nichts zu ergänzen, jedoch Aufmerksamkeit zu erregen, um somit eine größere Anzahl von Blicken geeigneter Leser auf sich zu ziehen.

Auch die Positionierung auf der Seite spielt eine Rolle, ob sie auch von dem Leser, der mal schnell die Seiten überfliegt, wahrgenommen oder überblättert wird. Natürlich wollen alle Arbeitgeber ihre Anzeige lieber auf einer der ersten Seiten im Stellenmarkt haben, weil hier die Aufmerksamkeit der Leser noch am höchsten ist.

Um die Lesegewohnheiten von Zeitungslesern zu ermitteln, hat man mittels »Eye-Tracking«-Technik verfolgt, in welcher Reihenfolge und wie lange der Blick jeweils die Elemente einer Zeitungsseite fixiert. Durch das große Format der Tageszeitungen kommt es gehäuft zu der Situation, dass sie auf der rechten Seite auf einem Tisch liegt und die linke Seite in der Hand gehalten wird. Dies führt dazu, dass die rechte Seite von Zeitungen meistens besser zu lesen ist, während gerade die Teile in der Mitte zwischen den beiden Seiten schlechter wahrgenommen werden. Die Texte ganz unten hingegen sind oftmals unbequemer zu lesen, wenn man die Zeitung mit den Armen frei hält. Resultierend aus diesen Erkenntnissen war bisher eine Platzierung von Anzeigen rechts oben außen die beliebteste Ausrichtung.

Diese bisherigen Lesegewohnheiten werden durch das neue Leseverhalten der Online-Medien möglicherweise verändert. Da beim Betrachten von Homepages der erste Blick hauptsächlich auf die Mitte des Bildschirms fällt, wandert durch diesen Einfluss die Aufmerksamkeit aus der neuen Gewohnheit heraus nun auch bei Printmedien verstärkt zuerst in diesen Teil des Blickfelds.

Wunschplatzierungen vergeben Zeitungen vorzugsweise an Stammkunden, denn man kauft mit einer Stellenanzeige kein Anrecht auf eine bestimmte Seite oder Ausrichtung.

Zusammenfassend können Sie also davon ausgehen, dass Personalanzeigen in Zeitungen oder Fachzeitschriften, die diesen Kriterien entsprechen, aus einem Unternehmen mit einem strategisch von der Unternehmensleitung unterstützten Personalrecruiting kommen, da hierfür bedeutende Budgets genehmigt werden müssen.

Diese Informationen verdeutlichen, dass hinter Anzeigenschaltungen die verantwortlichen Personen unter einem gewissen Erfolgsdruck stehen.

5.1 Woran misst sich der Erfolg einer Anzeige?

Traditionell lautet die Antwort: Je mehr Bewerbungen beim Unternehmen eingehen, umso erfolgreicher war die Anzeige. In unternehmensinternen Reportings machen sich hohe Bewerberzahlen auch immer gut – sie stehen ja auch für Interesse an dem Unternehmen und werden als Indikator für das Unternehmens-Image gewertet. Außerdem hat eine Personalabteilung mit vielen zu bearbeitenden Bewerbungen ja auch viel zu tun und rechtfertigt damit ihr Dasein.

Streng genommen ist eine Anzeige jedoch dann am erfolgreichsten, wenn sie dem Unternehmen den einen Bewerber bringt, der perfekt passt und durch Bewerbungsgespräche zur Einstellung kommt. Alle weiteren Bewerbungen bedeuten erhöhten Verwaltungskosten und zeitlichen Aufwand für Gespräche.

In Seminaren zum Thema Textgestaltung von Stellenanzeigen lernen Personaler, wie sie Anzeigen so formulieren, dass sie gegen keine Gesetzte verstoßen und wie sie Interesse bei den richtigen Lesern wecken.

5.2 Wie ist eine Personalanzeige strukturiert?

Stellenanzeigen zeichnen das verdichtete Bild eines Ideal-Mitarbeiters für eine bestimme Position im Unternehmen. Sie können davon ausgehen, dass der Verfasser der Anzeige nicht erwartet, einen 100%-Treffer zu erzielen. Allerdings wünscht er sich eine Annäherung an den beschriebenen Traum-Mitarbeiter. In der Anzeige selbst finden Sie alle notwendigen Hinweise über Rahmenbedingungen und »harte Fakten«, aber auch die Eigenschaften, die der Arbeitgeber etwas flexibler sieht und die einfach nur das Idealbild abrunden würden.

Personalanzeigen von mittelständischen bis großen Unternehmen, die unter Mitwirkung einer Personalabteilung erstellt wurden, folgen im Allgemeinen folgendem Muster:

5.2.1 Das Firmenprofil

DO IT!

Dies ist die durch das interne Marketing abgesegnete offizielle Darstellung des Unternehmens mit einigen Schlagworten, die für Bewerber interessant sein könnten, wie beispielsweise die Marktstellung, Standort der Firma, Anzahl der Mitarbeiter, das Gründungsdatum, Internationalität oder Umsatzzahlen.

5.2.2 Der Jobtitel

Er ist umso besser, je exakter er Informationen zu Qualifikation, Kompetenz und Aufgabe erkennen lässt. Haben Sie schon einmal festgestellt, wie viele Stellenanzeigen einfach als »Controller« ausgeschrieben sind? Gerade in Jobbörsen ist es fatal, wenn seitenlang lediglich dieser Begriff als Jobtitel erscheint. Arbeitgeber, die hier mit etwas mehr Sachverstand herangehen, suchen bereits in Anzeigen nach »Project Controllern«, »IT-Controllern«, »Financial Controllern« oder »Production Controllern«.

Es gibt klassische Jobtitel, die sehr unterschiedlich in Unternehmen gelebt werden. Dazu gehört beispielsweise die Bezeichnung »Assistent/in der Geschäftsführung«. In vielen Unternehmen ist dies eine sehr hoch angesehene Position mit komplexer Verantwortung, sozusagen als Sprungbrett, um später einmal in die Fußstapfen des Geschäftsführers zu treten. Es gibt aber immer wieder auch Unternehmen, die mit diesem Jobtitel die Sekretärin des Geschäftsführers bezeichnen. Gemeinsam ist beiden Stellungen, dass sie gerne als »rechte Hand des Chefs« angesehen werden, aber eine Hand kann nun mal für viele verschiedene Dienste eingesetzt werden. Sie kann Kaffee servieren, PowerPoint-Präsentationen erstellen oder Aktionärshände schütteln. Die unterschiedlichen Sichtweisen lassen sich mit einer genauen Betrachtung der Aufgabenbeschreibung erkennen.

5.2.3 Die Beschreibung der Aufgaben

Um zu vermeiden, dass sich der verheißungsvolle Traumjob im Bewerbungsgespräch als langweilige Enttäuschung entpuppt, sollten Sie bei einigen Formulierungen wissen, was sich dahinter verbirgt.

- Oftmals wird als ein Punkt in der Aufgabenbeschreibung »Sie entlasten die Abteilungsleitung …« angegeben. Dies bedeutet im Klartext, dass Sie auf Anweisung vorzugsweise administrative Aufgaben (Terminvereinbarung, Reiseorganisation, Vorbereitung von Meetings) haben werden und wenig eigenverantwortliches Handeln gefordert ist.
- Oder es heißt: »Sie sind belastbar und flexibel.« Hier sollten Sie nicht von festen Arbeitszeiten ausgehen, sondern Stress und Arbeitszeiten nach Bedarf werden Sie erwarten.
- Wenn Sie die Beschreibung lesen: »Ihre Aufgabe beinhaltet allgemeine organisatorische Tätigkeiten …« dürfen Sie davon ausgehen, »Mädchen/Junge für alles« zu werden.

Insgesamt sind möglichst klar formulierte Beschreibungen der Aufgabe immer den eher schwammig beschriebenen vorzuziehen. Misstrauen ist angesagt bei Kleinanzeigen, die Großes versprechen! Sie sind gekennzeichnet durch unklare Angaben, wie »interessante Aufgabe« und »überdurchschnittliche Bezahlung«. Wer die Aufgabe nicht genauer beschreiben kann, nimmt sie nicht ernst und wer sie nicht genauer beschreiben will, ist nicht seriös!

5.2.4 Die Anforderungen an den Bewerber

Bei Qualifikationen, die unbedingt notwendig sind, gehen Arbeitgeber keine Kompromisse ein. Wenn es also heißt –

- Abgeschlossene Ausbildung/Studium in …,
- unabdingbar sind …,
- Voraussetzung sind gute …-Kenntnisse,
- perfekte Kenntnisse in … setzen wir voraus,
- Kenntnisse in … sind erforderlich

– sind diese als Muss-Qualifikationen einzustufen und wenn Sie diese nicht mitbringen, lohnt sich eine Bewerbung nicht.

Etwas weicher sind folgende Formulierungen, die den Wunsch einer Qualifikation zum Ausdruck bringen. Wer diese erfüllt, erhöht seine Chancen, hier wird »das Bessere des Guten Feind«:

- Erfahrungen in ... sind erwünscht,
- idealerweise bringen Sie Kenntnisse in ... mit,
- Sie haben erste Erfahrungen mit ... gesammelt,
- Sie bringen ausbaufähige Kenntnisse in ... mit und
- ... wären von Vorteil.

Und dann gibt es noch die Allerweltsformulierungen über »Teamfähigkeit«, »Kommunikationsfähigkeit«, »Spaß and der Arbeit« und »Motivation«. Diese sog. Soft Skills sind extrem entscheidend für ein erfolgreiches Arbeiten. Leider haben sie sich zu Floskeln entwickelt, die weder intensiv überprüft noch selbstkritisch betrachtet werden. Oder wie viele Personen kennen Sie, die von sich sagen »Ich bin *nicht* teamfähig«? Und wie viele Personen kennen Sie, die wirklich teamfähig sind?

5.2.5 Der Abspann

Hier wirft das Unternehmen nochmals mit reizvollen Schlagworten oder besonderen »Benefits« um sich und versucht abschließend Atmosphäre zu verbreiten.

Außerdem finden Sie hier die konkreten Angaben, welche Aussagen das Unternehmen von Ihnen wünscht (Gehaltswunsch, Bewerbung per Post oder online) und über welchen Kontakt Sie in Verbindung treten können. Bei seriösen Arbeitgebern sind dies transparente (E-Mail-) Adressen und Telefonnummern, idealerweise ist der Name des Personalers angegeben. Achtung vor anonymen Handynummern oder E-Mail-Adressen, die nicht erkennbar zum Unternehmensnamen gehören, denn diese gehören oftmals simplen Datensammlern.

Lassen Sie auch den Umgangston insgesamt auf sich wirken, denn dies spiegelt das Miteinander im Unternehmen wider. Werden Sie betont locker oder eher sehr sachlich-nüchtern angesprochen? Was sagt Ihr Gefühl?

5.3 Was bedeutet das Allgemeine Gleichstellungsgesetz (AGG) für Anzeigeninhalte?

AHA-INFOS

Nach § 11 des AGG müssen Stellenausschreibungen ohne Benachteiligung oder Belästigungen durch folgende Kriterien erfolgen:

- die Rasse,
- die ethnische Herkunft,

- die Religion oder Weltanschauung,
- eine Behinderung,
- das Alter,
- die sexuelle Identität und
- das Geschlecht.

Liest man heutzutage Anzeigen, hat sich die geschlechtsneutrale Ansprache recht zuverlässig durchgesetzt. Bei der Diskriminierung durch das Alter werden die Anzeigentexte allerdings schon weniger konsequent. Nach wie vor werden Bewerber »im Alter zwischen 25 und 35«, »Young Professionals« oder »Rentner zum Nebenerwerb« gesucht. Auch die Formulierung »Sie passen in unser junges Team« legt den Schluss nahe, dass eine bestimmte Altersgruppe angesprochen wird, zu der Bewerber gehobeneren Alters nicht mehr passen.

Mit der Einführung des Allgemeinen Gleichstellungsgesetzes am 18. August 2006 setzte die Bundesregierung EU-Richtlinien in nationales Recht um. Obwohl es für hohe Aufmerksamkeit sorgte, zeigt ein aktueller Fall mit einem Urteil aus 2010, wie gering das Bewusstsein speziell für die Thematik »Alter« ausgeprägt ist.

Folgende Anzeige war in 2007 veröffentlicht worden:

»Suchen zunächst auf ein Jahr befristet eine(n) junge(n) engagierte(n) Volljuristin/Volljuristen«.

Dieser kurze Satz hatte ein entscheidendes falsches Wort, denn eine Stellenausschreibung verstößt grundsätzlich gegen das Altersdiskriminierungsverbot, wenn gezielt ein »junger« Bewerber gesucht wird.

Ein 1958 geborener Bewerber erhielt eine Absage, ohne zu einem Vorstellungsgespräch eingeladen worden zu sein. Eingestellt wurde eine 33-jährige Juristin. Der Bewerber klagte und verlangte wegen einer unzulässigen Benachteiligung aufgrund seines Alters eine Entschädigung in Höhe von 25.000 € und Schadensersatz in Höhe eines Jahresgehalts.

Für das Gericht stellte die unzulässige Stellenausschreibung einen Hinweis dafür dar, dass der Bewerber wegen seines Alters nicht eingestellt worden ist. Da der Arbeitgeber nicht darlegen konnte, dass kein Verstoß gegen das Benachteiligungsverbot vorgelegen hat, wurde dem Bewerber ein Entschädigungsanspruch zugesprochen.

Der darüber hinaus geforderte Schadensersatzanspruch in Höhe eines Jahresgehalts wurde dem Bewerber jedoch nicht zugesprochen (BAG, Urteil v. 19.08.2010, 8 AZR 530/09).

Eindeutiger liegen diese Fälle, wenn Personalabteilungen in Gesprächen und bei Absagen Aussagen wegen des Alters machen oder wenn Sie versehentlich Notizen mit derartigen Vermerken in zurückgeschickten Unterlagen erhalten. Hier haben Sie als Benachteiligter die Möglichkeit, wegen Diskriminierung gegen den Arbeitgeber vorzugehen.

5.4 Wer steckt hinter einer Anzeige?

Wie Sie sehen, stecken hinter einer Personalanzeige allerhand Arbeit und Verantwortung und somit auch die Befürchtung, nicht den richtigen Kandidaten zu finden und sich innerhalb des Unternehmens dafür rechtfertigen zu müssen. Dieses Verständnis sollten Sie im Hinterkopf behalten, denn die verantwortliche Person wird möglicherweise Ihr erster Ansprechpartner in dem Unternehmen sein.

Bei den meisten Anzeigen wird eine Kontaktperson für weitere Fragen angegeben. Wer wird dies sein? Wer kennt sich gerade am besten mit den Inhalten und organisatorischen Rahmenbedingungen der gesuchten Position aus?

5.4.1 Printanzeigen

Bei Anzeigen in gedruckten Zeitungen ist es meistens der Verantwortliche, der am Samstag selbst gecheckt hat, ob die Anzeige ohne Tippfehler in der Zeitung war und nun auf zahlreiche Interessenten hofft (weil der Chef immer noch den Erfolg der Anzeige an der Anzahl der Bewerber misst).

In der Personalabteilung beginnt dann das Warten auf Bewerbungseingänge. Bewerbungen, die bereits am Beginn der Woche eintreffen, werden skeptisch betrachtet, denn hier liegt der Schluss nahe, dass der Bewerber seine fertigen Unterlagen bereits in der Schublade hatte und sich »im großen Stil« bewirbt. Arbeitgeber gewinnen so schnell den Eindruck, dass der Kandidat generell einen neuen Job sucht, aber nicht unbedingt den ausgeschriebenen als Top-Job ausgewählt hat.

Erfahrungsgemäß werden die Bewerbungen gegen Ende der Woche oder direkt nach dem folgenden Wochenende interessanter. Hier treten oftmals solche Kandidaten in Erscheinung, die mit einer generellen Wechselwilligkeit den Stellenmarkt in Zeitungen überfliegen und an der ausgeschriebenen Stelle oder dem Namen des Unternehmens so starkes Interesse gefunden haben, dass sie ihre einzige Bewerbung verfasst haben, die dann genau auf die Anforderungen passt.

Einen komplett anderen Verlauf zeigen Stellenanzeigen in Fachzeitschriften. Hier kommen auch Wochen, manchmal Monate nach Erscheinen der Anzeigen noch hervorragende Bewerbungen. Warum? Diese Magazine werden oftmals im Abonnement bezogen und kreisen anschließend durch Abteilungen oder Vereine, wo sie ganz genau eine gewünschte Zielgruppe ansprechen, die Mitglieder aber nicht alle gleichzeitig Zugriff auf die Zeitschrift haben. Diese Verzögerung des Bewerbungsprozesses kalkulieren die Personalabteilungen mit ein, wenn sie zumeist um sehr schwierig zu findende Spezialisten bemüht sind. Für Sie bedeutet dies, dass sich hier die Bewerbung auch nach einem längeren Zeitraum noch lohnt.

5.4.2 Internetanzeigen

Bei Personalanzeigen auf der Karriereseite des Unternehmens und in Internet-Börsen sieht die Sache nicht ganz so ernst aus. Hier sind die Kosten deutlich geringer, Fehler können jederzeit korrigiert werden und durch die allgemeine Dynamik sowie die Bildschirmdarstellung wird nichts mehr so genau betrachtet.

Hier ist es wichtig, sehr bald Feedback von Bewerbern zu erhalten, da man weiß, dass die gelisteten Treffer bei der Jobsuche sehr schnell auf den Seiten nach hinten rutschen. Durch die Schnelllebigkeit der Jobbörsen kann es passieren, dass ein größerer Auftrag (speziell Personaldienstleiter schalten oftmals viele Anzeigen auf einmal) die Anzeige eines Unternehmens innerhalb von wenigen Stunden von der ersten Seite auf die zweite oder dritte Seite verschiebt, wo die Aufmerksamkeit der Jobsuchenden schon nachlässt. Personaler wissen, dass mit dem Verschieben der Anzeige auf die hinteren Seiten die Anzahl der Bewerbungen dramatisch abnimmt. Immer wieder kommen daher die Jobbörsen auf ihre treuen Kunden zu und bieten ihnen als Zusatzleistung an, nach 2 Wochen die Anzeige nochmals nach vorne zu ziehen. Der Nutzen dieser Maßnahme ist jedoch zweifelhaft, denn da dies vielen Kunden angeboten wird, rotieren jetzt alle nur umso schneller.

Was bedeutet das für Ihre Bewerbung? Es zeigt Ihnen den Takt an: In schnelllebigen Medien sollten Sie auch schnell reagieren!

Zusammenfassung

DO IT!

- Aus der Platzierung einer Stellenanzeige, ihres Erscheinungsplatzes, ihrer Größe und Farbigkeit können Sie Rückschlüsse auf den Stellenwert der Suche des beschriebenen Jobs ziehen.
- Je teurer die Personalanzeige war, umso höher ist auch der Erfolgsdruck für den Verantwortlichen, der sie formuliert und gezielt in dem ausgewählten Medium platziert hat.
- Printanzeigen sind deutlich teurer als Internetanzeigen.
- Stellenanzeigen beschreiben einen Idealkandidaten, indem sie Ihnen ganz genau sagen, welche Anforderungen Sie mitbringen müssen und welche wünschenswert sind. Formulierungen, die zu einer Benachteiligung aufgrund der Rasse, der ethnischen Herkunft, der Religion oder Weltanschauung, einer Behinderung, des Alters, der sexuellen Identität oder des Geschlechts führen, sind durch das AGG verboten.
- Die Reaktionszeit auf Printanzeigen liegt bei ca. 14 Tagen. Das schnelle Medium Internet erwartet auch schnelle Bewerber.

Jede einzelne Bewerbung bedeutet Arbeit

A. Eggert, *Ab 40 bewirbt man sich anders*,
DOI 10.1007/978-3-642-41171-7_6, © Springer-Verlag Berlin Heidelberg 2015

Sie haben in den Personalanzeigen eine Stellenbeschreibung gefunden, die Sie interessiert?

6.1 Überprüfung des ersten Eindrucks

Bevor Sie nun aktiv werden mit der Erstellung Ihrer Unterlagen, überprüfen Sie noch mal grundsätzlich über das Internet, ob die gesamte Unternehmensdarstellung, die Branche, der Geschäftszweig, die Unternehmensphilosophie, die Unternehmensgeschichte und die wirtschaftliche Lage Ihnen zusagen.

Früher konnte man höchstens mal über die Öffentlichkeitsarbeit des Unternehmens ein Prospekt über angebotene Produkte oder Dienstleistungen erhalten.

Heute können Sie sich ein umfassendes Bild über fast jedes Unternehmen verschaffen, indem Sie dessen **Homepage** betrachten.

- Schauen Sie sich auch die Seite **»Jobs« oder »Karriere«** des Unternehmens an. Sie sagt Ihnen viel darüber, ob im großen Stil gesucht wird oder ob Ihre Position ein Einzelfall ist.
- Geben Sie auch den Namen der Firma in einer **Suchmaschine** ein, um die Meinung anderer über die Firma zu erfahren.
- Wie sehen die Meinungen im Social Network aus?

Sind all Ihre Eindrücke positiv und Sie haben sich zu einer Bewerbung auf eine konkrete Stelle entschlossen?

Gut, dann begehen Sie bitte nicht den Fehler, ein Serienbrief-Anschreiben mit einem Standard-Lebenslauf auf den Weg zu geben! Damit reihen Sie sich nämlich automatisch in die Gruppe von Bewerbern ein, die lamentierend einen der typischen Sätze wie »jetzt habe ich schon 80 Bewerbungen verschickt und keine Einladung erhalten« von sich geben.

In diesem Ratgeber werden Sie keine Angaben darüber finden, wie breit ein linker oder rechter Rand in einem Lebenslauf sein soll. Es wäre lächerlich, wenn diese Dinge beim Einstellungsverfahren den Ausschlag gäben! Vielmehr werden wir uns auf inhaltliche Aussagen konzentrieren, um Ihrer Bewerbung eine Wirkung der Einzigartigkeit zu verschaffen.

Bei der heutigen Arbeitsmarktsituation ist der Feind einer jeden Bewerbung die große Menge weiterer Bewerbungen. Aus diesem Grund muss es Ihr Ziel sein, dass Ihre Bewerbung sofort positiv auffällt.

Idealerweise sticht sie durch ein passgenaues Profil mit Erfahrung in dem geforderten Bereich hervor. Diese Eigenschaften werden »auf einem Silbertablett präsentiert«, sodass der Leser sie nicht suchen muss.

Für Bewerber ab etwa 40 Jahren bedeutet dies aber auch ganz besonders, dass sie durch Qualität hervorstechen sollten. Denn eine mangelhafte Qualität in diesem Alter lässt nicht die Hoffnung zu, dass sich daran noch etwas ändern wird (»Was Hänschen nicht lernt, …«).

Doch bevor Sie nun Ihre Unterlagen sortieren, einige Fakten zur Rechtslage in Deutschland:

6.2 Was bedeutet das AGG konkret für Ihre Bewerbung?

AHA-INFOS

- **Theorie**

Da mit dem Gesetz das Ziel verfolgt wird, dass niemand wegen seiner Rasse, ethnischen Herkunft, Religion oder Weltanschauung, Behinderung, sexuellen Identität, seines Alters oder Geschlechts diskriminiert wird, sollten alle Angaben dieser Art auch konsequent aus dem Bewerbungsverfahren herausgehalten werden. Demnach können Sie sich als Bewerber komplett auf die Darlegung Ihres fachlichen Profils konzentrieren. Weder Ihr Geburtsdatum, Ihr Geburtsort, Ihr Familienstand noch Ihr Bewerbungsfoto gehören in eine heutige Bewerbung.

- **Praxis**

Um sich nicht angreifbar zu machen, haben zahlreiche Unternehmen in Deutschland ihre Bewerbungsformulare an diese Anforderungen angepasst. Da jedoch der zu schützende Bewerber ganz freiwillig trotzdem diese Angaben machen kann, regiert das Gesetz von Angebot und Nachfrage auch hier das Interesse der Personaler. Wer also ein professionelles Bild mit einreicht, kann dadurch erhöhte Aufmerksamkeit für seine Bewerbung erzielen.

Diese Art unpersönlicher Lebensläufe hat sich in USA und England seit Jahren als Standard etabliert. Nachdem in schwedischen und französischen Projekten erste Erfahrungen mit anonymisierten Bewerbungen gesammelt wurden, führt seit Herbst 2010 die Antidiskriminierungsstelle des Bundes (ADS) in Zusammenarbeit mit dem Familienministerium und fünf Unternehmen (Deutsche Telekom, Deutsche Post, L'Oréal, Procter & Gamble, Mydays) ein hochinteressantes Pilotprojekt durch, um anonymisierte Bewerbungen ein Jahr lang zu testen. In bestimmten Bereichen der Unternehmen werden in diesem Zeitraum nur Bewerbungen ohne Angaben zu Alter, Geschlecht, Herkunft, Adresse oder Familienstand betrachtet. Über Online-Formulare können Bewerber sehr ausführlich Angaben über ihre berufliche Erfahrung übermitteln. Bei eingehenden Bewerbungsunterlagen in Papierform macht eine unabhängige Stelle im Unternehmen die unerwünschten Angaben unkenntlich.

Mit diesem Projekt will man herausfinden, ob durch unvoreingenommene Selektion Menschen eine Chance bekommen, die sonst keine Einladung zum Gespräch erhalten hätten und ob sich durch diese alleinige Konzentration auf die Qualifikation möglicherweise sogar die wirtschaftliche Effizienz der Rekrutierung steigern lässt. Darüber hinaus sollen Erfahrungen darüber gesammelt werden, ob dieses Vorgehen für Unternehmen überhaupt praktikabel ist.

6.3 Bewerben bedeutet Marketing in eigener Sache

Oftmals fragen Bewerber, wie »dick sie denn nun auftragen können«, um nicht unseriös zu wirken. An dieser Stelle sollten Sie sich ganz klar bewusst sein, dass Sie sich hier selbst vermarkten müssen.

Unsere Umwelt ist mittlerweile sehr stark geprägt von Werbung, Marketing und sich selbst präsentieren. Da wir alle diesem Anpreisen von Vorzügen durch TV, Internet, Radio, Anzeigen und Plakaten permanent ausgesetzt sind, ist insgesamt das Empfinden für übertriebene Werbung eher abgestumpft. Dies ist auch der Grund dafür, warum Werbung insgesamt immer schriller und direkter wird, um noch einen Effekt zu erzielen.

6

Darüber hinaus können Sie davon ausgehen, dass Arbeitgeber meist jahrelange Erfahrung im Lesen von Bewerbungsschreiben haben und dadurch grundsätzlich über eine recht hohe Toleranzschwelle gegenüber dem heutzutage üblichen »Schmeicheln und Werben« verfügen. Wir wissen alle, dass eine Bewerbung für den Einzelnen immer mit einigen Hoffnungen und Wünschen verbunden ist, und da ist es nur zu verständlich, wenn sich jemand mal etwas »intensiver bewirbt«, was das Wort »Bewerbung« ja schließlich auch aussagt.

Außerdem sind die Mitarbeiter in Personalabteilungen und Fachabteilungen letztendlich als Menschen auch für Komplimente empfänglich. Auch wenn sie bei etwas dick aufgetragenen Formulierungen wie beispielsweise »ich würde mich überaus glücklich schätzen, als Mitarbeiter eines so erfolgreichen Unternehmens in die engere Auswahl zu kommen …« wissen, dass hier jemand die Begeisterung übertreibt, wird doch die Absicht, die dahinter steckt, erkannt und auch anerkannt.

Für Ihre Bewerbung bedeutet dies, dass Sie Ihre Vorzüge, also Kenntnisse und Fähigkeiten, sowie Persönlichkeitsmerkmale optimal hervorheben sollten und demgegenüber mögliche Schwachpunkte nicht von sich aus ansprechen.

Das Ziel für Bewerber in mittlerem bis gehobenerem Alter sollte ein so gutes Marketing sein, dass ihr Alter nicht mehr von Interesse ist oder sogar als Vorzug erkannt wird.

6.4 Ihre Strategie lautet: Auffallen durch Qualität

DO IT!

Neben Ihrer speziellen fachlichen Qualifikation und Erfahrung haben Sie ein weiteres gewichtiges Argument, welches Sie mit ins Feld führen können: **zuverlässig hohe Qualität**!

Ihre erste Arbeitsprobe – denn das ist Ihre Bewerbung auch – sollte vom ersten Eindruck bis zur letzten Seite von Qualität geprägt sein. Sowohl inhaltlich als auch optisch und in der Form müssen alle Teile der Bewerbung dem Anspruch hoher Qualität genügen.

Sie sollten unbedingt die Arbeit auf sich nehmen, jeweils einzigartige, ausdrucksstarke Bewerbungen zu verfassen, die Sie an das Ziel bringen, erst einmal in Gespräche zu kommen. In dieser Vorgehensweise liegt die weitaus größere Erfolgsaussicht, als in dem Schreiben von vielen Bewerbungen. In der Summe werden Sie weniger Aufwand betreiben müssen, geringere Unkosten haben und weniger Frustration erfahren.

6.5 Merkmale einer qualitativ hochwertigen Bewerbung

6.5.1 Bewerbungsmappe

Bei Bewerbungen in Papierform vermittelt Qualität im verwendeten Material den ersten Eindruck. Vermeiden Sie die Verwendung einfacher Schnellhefter oder Hüllen, sondern wählen Sie eine aufwendige Mappe. Idealerweise eine dieser 3-fach gefalteten Mappen aus Karton, mit Einschub für Anschreiben, Lebenslauf und Zeugnisse. Diese Bewerbermappen haben neben ihrer guten Struktur und schönem Aussehen den Vorteil, auf einem Stapel von Bewerbungen durch ihre Größe etwas hervorzustechen.

6.5.2 Bewerbungsbild

Im Journalismus folgt man dem Lehrsatz »Bild schlägt Text« und aus der Wahrnehmungspsychologie weiß man, dass Bilder von Gesichtern die absolute Priorität in der Aufmerksamkeit haben.

Da die visuelle Wahrnehmung so großen Einfluss auf unser Handeln hat, sollte das Bewerbungsbild keinesfalls unterschätzt werden! Es handelt sich hierbei nicht um eine Art Passbild, sondern um Ihre Selbstdarstellung, also Ihr »Bild«, welches Sie abgeben. Diesen weichenstellenden Eindruck sollten Sie nicht unüberlegt dem Zufall überlassen oder als »Formalität« abtun. Sowohl für die Papier-Bewerbung als auch die Online-Bewerbung muss es ein hochwertiges Bild vom Fotografen sein. Veraltete Bilder und Freizeitbilder sind tabu. Nutzen Sie diese entscheidende Möglichkeit, Professionalität zu demonstrieren.

Auch von eingescannten Bildern in Papier-Bewerbungen rate ich unbedingt ab, denn abgesehen von dem Qualitätsverlust bewirkt dieses Vorgehen leicht den Eindruck »in Massenproduktion zu sein«. Einem Schüler oder Berufsanfänger gesteht man diese »Sparmaßnahme« noch zu, aber bei berufserfahrenen Bewerbern darf dieser Eindruck beim Leser nicht entstehen.

Seien Sie sich darüber im Klaren, dass über ein Bild sehr schnell Personen in »Schubladen« eingeordnet werden. Der erste Eindruck, den der Betrachter von Ihnen hat, wird spontan von Sympathie oder Antipathie begleitet und bestimmt nachhaltig seine weitere

Wahrnehmung von Ihnen. Auch wenn er als Profi die Mechanismen subjektiver Wahrnehmung kennt, kann er sich kaum einer gewissen Weichenstellung entziehen. So haben wir alle die Neigung, Personen in Kategorien einzuteilen, denen wir typische Eigenschaften zuordnen, um uns im normalen Alltag die Informationsverarbeitung zu erleichtern. Denn wenn wir mal entschieden haben, dass ein Mensch in eine bestimmte »Schublade« passt, kennen wir aus unseren Vorurteilen heraus alle typischen Eigenschaften und ordnen sie ihm auch unbewusst zu. Wenn wir dann weitere Informationen zu der Person erhalten, werten wir passende Eigenschaften als Bestätigung für unsere »Schublade« und unpassende lassen wir unbeachtet.

Gehen Sie davon aus, dass ein Personaler unter Zeitdruck einen Stapel von Bewerbungen durchsieht und zu schnellen Entscheidungen kommen muss. Falsche Signale durch das Bild können zu früh schon zu Urteilen führen.

Typische übergeordnete Eindrücke erhalten Betrachter von Bewerbungsbildern beispielsweise durch

- sichtbare Ansätze der Oberbekleidung: Sie sollte passend zur Berufsbranche gewählt werden:
  - Klassische, korrekte Kleidung für einen Job, der durch sachliche Arbeitsweise Anerkennung findet.
  - Individuelle Akzente durch Schmuck oder Kleidung setzen sollte man v. a. bei kreativen Berufen.
  - Bewusst gestylt dürfen Sie auftreten für Beauty- und Mode-Berufe.
  - Legere Hemden ohne Krawatte für Berufe, die handwerklich aktiv sind.

Gute Kleidung suggeriert Bildung und Erfolg! Und da Sie nicht mehr wie Berufsanfänger mit Milde betrachtet werden, sollten Sie Ihr Outfit mit Bedacht auswählen. Es versteht sich von selbst, dass die Kleidung weder aufreizend noch nach Freizeit aussehen sollte, sondern eine Vorstellung von Ihnen in Ihrem Arbeitsumfeld erzeugt.

- Zeigen Sie Ihr sympathischstes Lächeln! Versuchen Sie mit Ihrem Gesichtsausdruck Folgendes zu vermitteln: »Ich bin freundlich, aufgeschlossen und interessiert, optimistisch und weiß, was ich will!«
- Farbfotos sind am weitesten verbreitet und lassen Sie offen und sympathisch wirken.
- Schwarz-weiß Fotos wirken sachlicher und zurückhaltender, sie empfehlen sich für gehobene Positionen und werden oftmals in Branchen, wo man sich mehr Gedanken über Ästhetik macht, wie im kreativen und künstlerischen Bereich, verwendet.
- Alles ab 4 × 5,5 oder etwas größer, egal ob Hoch- oder Querformat ist in Ordnung. Kommt man in die Nähe einer Postkartengröße, wirkt es schnell aufdringlich.

- Lassen Sie sich vom Fotografen Papierbilder und die digitalen Bilder auf CD-ROM mitgeben. Jeder eigene Versuch, Papierbilder einzuscannen, um sie auch für elektronische Bewerbungen zu verwenden, verschlechtert die Qualität gravierend.

Sind Sie unsicher in der Wirkung Ihres Fotos oder wollen Sie detaillierte Angaben über Ihre Ausstrahlung auf dem Bild? Es gibt mittlerweile Unternehmen, die für Sie einen Check vornehmen und eine Rückmeldung geben, welche Signale Personalentscheider aus Ihrem Bild ablesen.

Zu der Fragestellung, wie groß und an welcher Stelle Bilder platziert werden sollen, gibt es verschiedene akzeptierte Möglichkeiten, die sich jedoch in der Wahrnehmung des Betrachters unterschiedlich auswirken:

- Ein größeres, zentral positioniertes Bild auf einem Deckblatt rückt Sie als Person stärker in den Mittelpunkt. Es vermittelt den Eindruck »Hier komme ich und nun sehen Sie mal, was ich kann …« Nachgelagert wird Ihre Berufserfahrung und Qualifikation unter dem Eindruck gelesen, den Sie über Ihr Bild vermittelt haben. Dieser erste Eindruck ist von Vorteil, wenn Sie durch selbstbewusstes Auftreten auffallen möchten oder wenn der gewünschte Job sehr durch Ihre Persönlichkeit beeinflusst wird. Beispielsweise bei Positionen für den Vertrieb oder direkten Verkauf eignet sich diese persönlichkeitsorientierte Darstellung auf einem Deckblatt.
- Die Platzierung am Lebenslauf oben rechts ist die etwas sachlichere Anordnung, wenn Sie in der Wirkung stärkeres Gewicht auf Ihre Qualifikation legen wollen. Es vermittelt mehr den Eindruck »So sieht meine Berufserfahrung aus und so sehe ich aus …« Diese Wirkung, sich selbst nicht zu sehr in den Vordergrund zu stellen, ist von Vorteil, wenn es darum geht, sich in ein Team zu bewerben, wo die sachliche Bewältigung von Aufgaben Priorität hat.

Bitte verwenden Sie keine Büroklammern zum Befestigen des Fotos, sondern einen Klebestift. Zur Sicherheit vermerken Sie Ihren Namen auf der Rückseite des Bildes.

6.5.3 Papier/Druck/Schrift

Gutes Papier und der Ausdruck über einen guten Drucker sind selbstverständlich. Wer mit einem schwachen Drucker Bewerbungen schreibt, kann nicht überzeugen! Wählen Sie eine einheitliche Schriftart für Anschreiben und Lebenslauf.

6.5.4 Rechtschreibung

Ihr Schreiben muss nach der neuen deutschen Rechtschreibung fehlerfrei sein!

Lassen Sie nach dem 4-Augen-Prinzip eine weitere Person Ihre Unterlagen gegenlesen. Es ist ganz normal, dass man für selbst Geschriebenes »blind« wird und systematisch eigene Fehler übersieht. Vor allem Texte, die öfters umgestellt wurden oder wo Wörter ersetzt wurden, sind anfällig für veränderte Endungen der einzelnen Wörter. Hier übersieht man schnell mal einen fehlenden Buchstaben und auch das Rechtschreibprogramm des Computers kann diese Fehler nicht erkennen.

Bleiben Sie grammatikalisch richtig. Dies betrifft v. a. die Adjektive. Wenn Ihre Nationalität deutsch ist und Sie verheiratet sind, dann machen Sie bitte auch nicht die so weit verbreiteten Fehler, dies mit großen Anfangsbuchstaben zu schreiben.

6.5.5 Ausgaben, die sich lohnen

Zusammen betrachtet ist die Summe dieser Ausgaben nicht zu verachten – aber hier zu sparen vermittelt schnell den Eindruck mangelnden Erfolgs und provoziert folgende Gedankengänge beim Leser: »Was, 40 Jahre alt und kann sich kein gutes Bewerbungsbild leisten? Muss er etwa so viele Bewerbungen schreiben? Andere lehnen ihn ab? Warum soll ich ihn einstellen? Er soll Erfolg mitbringen, keine Probleme ...«

Im Rahmen von Bewerbungen anfallende Kosten können Sie steuerlich als Werbungskosten absetzen (§ 9 und 19 ESTG).

Ihre gesamte Bewerbung sollte den Eindruck vermitteln, als hätten Sie nur diese eine geschrieben und keinen Aufwand für sie gescheut!

Wenn Sie nun glauben, die Arbeit kann losgehen, wir schreiben das Anschreiben, befinden Sie sich in Begleitung von 95% der Bewerber, die genau so vorgehen. Sie ignorieren dabei jedoch das in fast allen Personalanzeigen platzierte Angebot, sich telefonisch weiter über die Stelle zu informieren. Wenn Sie dies nicht nutzen, verspielen Sie gleich am Start wertvolle Punkte.

Ich höre von Bewerbern oftmals an dieser Stelle, dass die Anzeige eigentlich alle für sie wesentlichen Informationen enthält, und sie dieser Person, die sich als Ansprechpartner angegeben hat, nicht auch noch die Zeit stehlen wollen. Hierzu sollten Sie Folgendes bedenken:

Dies ist ein Mitarbeiter des Unternehmens, der am Erfolg seiner Anzeige interessiert ist, und gerne mit Ihnen über den Job sprechen wird. Ihr Anruf ist also erst einmal eine Bestätigung, dass seine Anzeige wahrgenommen wurde und zu Aktivitäten Ihrerseits geführt hat.

Auch wenn dieser Anruf Sie Überwindung kostet, sollten Sie ihn unbedingt zu Ihrem Standardvorgehen erklären. Sie sind nicht lästig, sondern wirken interessiert und engagiert!

6.6 Der telefonische Erstkontakt

Vor dem Anruf haben Sie die Anzeige und die Homepage intensiv studiert. Daraus abgeleitet bereiten Sie einige Fragen vor, die Sie gerne beantwortet hätten. Dies können Fragen allgemeiner Art sein:

- Oftmals werden Englischkenntnisse gefordert, ohne dass sie genauer eingegrenzt sind. Da können Sie gut nachfragen, wie gut sie sein müssen, ob sie nur mündlich oder auch im Schriftverkehr, täglich oder eher ab und zu anfallen.
- Gehört eine Reisetätigkeit zur Beschreibung, ist dies immer ein dankbarer Punkt nachzufragen, in welchem Umfang sie anfallen wird. Ob dies täglich in der näheren Umgebung, oder in Verbindung mit Übernachtungen mehrtägig oder nur ab und zu sein wird.
- Bei Vertriebstätigkeiten generell können Sie sehr schön nachfragen, welche Kunden Ihnen zugeordnet werden. Ob das Unternehmen den Vertrieb nach Regionen einteilt, oder ob die Branche bzw. Kundengröße entscheidend ist und ob Sie Privat- oder Geschäftskunden zugeordnet werden und ob der Kundenstamm bereits vorhanden ist oder Sie ihn aufbauen sollen.
- Auch Fragen nach dem Grund für die Ausschreibung (Nachfolge oder Personalaufbau) sind immer interessant.

Ist in der Anzeige der Ansprechpartner angegeben, rufen Sie ihn direkt an. Sollte kein Ansprechpartner vermerkt sein, finden Sie ihn heraus, indem Sie im Internet auf die Homepage des Unternehmens gehen und über eine zentrale Nummer nach dem Verantwortlichen fragen.

Oder Sie gehen so vor, wie Personaler es teilweise auch tun: Sie gehen in soziale Netzwerke hinein und suchen nach ihnen. Sortiert über den Namen des Arbeitgebers, eventuell mit der Einschränkung »Personal« oder »HR« werden Sie beispielsweise bei XING oftmals fündig. Selbst wenn hier die Telefonnummer nicht offen angegeben ist, wird man Sie bei der Nennung des Namens in einer Telefonzentrale verbinden.

Bei dem Telefonat könnten Sie einleitend beschreiben, dass Sie sich von der Anzeige besonders angesprochen fühlen, weil sie genau Ihrem gesuchten Tätigkeitsgebiet entspricht.

Mit allgemeinen Fragestellungen bleiben Sie meistens bei dem Ansprechpartner in der Personalabteilung, der später für die Auslese der Bewerbungen verantwortlich ist. Dieser Effekt, schon mit der Person gesprochen zu haben, darf nicht unterschätzt werden. Zum einen haben Sie nun einen Informationsvorsprung gegenüber anderen Bewerbern, und Ihr Name ist schon mal an der richtigen Stelle bekannt geworden.

Bedenken Sie bitte: Selbst wenn Ihnen keine besonders weiterführenden Fragen einfallen – dieses Telefonat wird immer ein Pluspunkt in Ihrem Bewerbungsprozess sein, denn der Anruf wird als ein aktives Handeln erkannt und als Engagement gewertet. In vielen Personalabteilungen wird der Name von Anrufern vermerkt, und als Zusatzinformation positiv notiert.

Gibt es nun von Ihrer Seite Fragen, die sehr ins Fachliche gehen, werden Sie in den meisten Fällen mit der entsprechenden Fachabteilung verbunden. Dies ist natürlich der absolute Idealfall, denn so können Sie sich bereits jetzt im Unternehmen bekannt machen. Sie erhalten weit über den Anzeigentext hinaus Informationen, die Sie für Ihre Bewerbung verwerten können. In Ausnahmefällen entwickeln sich diese Telefonate auch sehr dynamisch und enden mit einer direkten Terminvereinbarung zum persönlichen Gespräch.

Der weitere Vorteil dieser Telefonate mit zwei Gesprächspartnern liegt darin, dass im weiteren Verlauf des Bewerbungsprozesses die Personalabteilung Ihre Bewerbung sicherlich nicht vorschnell in die Absagen legen wird, da Sie ja möglicherweise im Gespräch mit der Facheinheit einen sehr guten Eindruck hinterlassen haben. Denn kein Personaler möchte in der Situation sein, einem Bewerber XY eine Absage erteilt zu haben, wenn der Abteilungsleiter der suchenden Abteilung irgendwann fragt »hat sich schon der Bewerber XY gemeldet, der war im Telefongespräch so interessant«.

Mit diesem Wissensvorsprung über den Job und die Ansprechpartner können Sie nun zur Erstellung Ihres Anschreibens übergehen.

6.7 Treffen Sie die Entscheidung: komplette Bewerbung oder Kurzbewerbung

Eine **Kurzbewerbung** besteht aus Anschreiben, tabellarischem Lebenslauf und dem Bewerbungsfoto.

Auf alle Anhänge (Arbeitszeugnisse, Ausbildungs- und Schulzeugnisse, Zertifikate, Qualifikationsnachweise, Schulungsbescheinigungen und ähnliche Dokumente) sowie eine Bewerbungsmappe wird verzichtet.

Die Kurzbewerbung dient der ersten, unkomplizierten Kontaktaufnahme und soll »das Interesse nach mehr« hervorrufen – sie ersetzt keinesfalls die echte Bewerbung.

Diese reduzierten Unterlagen können Sie für folgende Situationen einsetzen:

- Beim Besuch von Fach- oder Job- und Karrieremessen ergeben sich oftmals interessante Gespräche direkt mit den Firmenvertretern auf deren Messestand. Um dort im Gedächtnis zu bleiben, empfiehlt es sich, im Anschluss an das Gespräch eine solche Kurzbewerbung zu übergeben.
- Kurzbewerbungen können als Initiativbewerbungen eingesetzt werden, um Arbeitgeber auf sich aufmerksam zu machen.
- Teilweise verlangen Arbeitgeber in Stellenanzeigen für einen ersten Bewerbungsschritt explizit eine Kurzbewerbung. In diesem

Falle ist es selbstverständlich, spätestens zum Gespräch die vollständigen Bewerbungsunterlagen mitzubringen.
- Bei Aushilfstätigkeiten oder geringfügigen Beschäftigungsverhältnissen reicht häufig diese Kurzform aus.

Auch wenn diese Bewerbung vom Umfang her kurz gehalten ist, muss sie inhaltlich den höchsten Ansprüchen genügen. Dies bedeutet konkret, dass das Anschreiben auf den jeweiligen Arbeitgeber individualisert sein sollte, soweit dies im Vorfeld absehbar ist. Alle im Folgenden beschriebenen Kriterien einer hochwertigen Bewerbung gelten auch für diese Kurzform.

Und: Sie sollte unbedingt den Hinweis enthalten, dass Sie bei Interesse jederzeit gerne Ihre vollständige Bewerbung nachreichen werden.

Zusammenfassung

DO IT!

- Nachdem Sie nun wissen, auf welches Stellenangebot Sie sich bewerben möchten, sammeln Sie zunächst weiterführende Informationen über das Unternehmen.
- Erst wenn Sie über das Unternehmen deutlich mehr wissen, als aus dem Anzeigentext zu entnehmen ist, beginnen Sie mit der aktiven Umsetzung der gesammelten Informationen.
- Mit Ihrer Lebens- und Berufserfahrung haben Sie ein gewisses Niveau erreicht, welches Sie von Berufsanfängern unterscheidet. Ihre komplette Bewerbung sollte dies durch höchste Qualität zum Ausdruck bringen. Ihr Marketing in eigener Sache darf ruhig selbstbewusst ausfallen und sollte die Strategie »Auffallen durch Qualität« verfolgen. Merkmale einer hochwertigen Bewerbung beginnen beim Material, betreffen formal richtige Vorgehensweisen und enden bei inhaltlich ausgereiften Aussagen.
- Nicht Masse, sondern Klasse ist ausschlaggebend für eine erfolgreiche Bewerbung. Verfassen Sie eine Bewerbungsmappe, die den Eindruck vermittelt, dass sie ihre einzige ist.
- Um inhaltlich durch besondere Qualität bestechen zu können, suchen Sie den Erstkontakt zum Arbeitgeber auf telefonischem Wege.

Wie Ihr Anschreiben zum Stimmungsmacher wird

A. Eggert, *Ab 40 bewirbt man sich anders,*
DOI 10.1007/978-3-642-41171-7_7,

DO IT!

Auf Ihrem Lebenslauf und den beigefügten Unterlagen liegt als »Deckel« Ihr Anschreiben. Die Aussagekraft dieses Schreibens wird häufig unterschätzt, da ja schließlich die entscheidenden Fakten im Lebenslauf und in den Zeugnissen folgen. Die Kunst Ihres gelungenen Anschreibens liegt darin, bereits auf diesem Deckel die Aufschrift »der Bewerber passt auf den Job« zu hinterlassen, sodass der Leser nur noch »in den Topf schaut, um zu sehen, wie sich die Zutaten zusammensetzen«.

7.1 Grundlegendes zur Form des Anschreibens

Da sich in den vergangenen Jahren einige Änderungen in der Form für Briefe durchgesetzt haben, wäre es fatal, diese Neuerungen nicht zu kennen und vielleicht schon durch die Gestaltung den Eindruck zu vermitteln, dass man bei alten Gewohnheiten stehen geblieben ist.

Durch die Beachtung folgender Regeln zeigen Sie, dass Sie Weiterentwicklungen souverän anwenden:

- Folgen Sie der seit 01. August 2005 verbindlichen neuen deutschen Rechtschreibung
- Komplette Absenderangaben mit Telefonnummern
- Bereits in der Firmenadresse (links oben unter dem Absender) den Ansprechpartner einfügen
- Datum: »Hamburg, 24. Dezember 2011«. Bitte *nicht*: »Hamburg, den 24.12.2011« (das Wort »den« stammt aus einer älteren Briefform, und wir wollen den Eindruck vermeiden, »von gestern« zu sein; der ausgeschriebene Monat sorgt für ein schöneres Schriftbild)
- Betreffzeile fett, ohne das Wort »Betreff«(diese Form ist veraltet)
- Unterschrift möglichst mit Tinte (kein Kugelschreiber)
- Am Schluss: Nur das Wort »Anlagen«. Man führt sie nicht mehr einzeln auf, wie es früher erforderlich war
- Idealerweise passt Ihr Anschreiben auf eine DIN-A4-Seite

Bedenken Sie bitte: Der Platz für das Anschreiben ist begrenzt, da die Zeit des Lesers eingeschränkt ist. Darum vermeiden Sie bitte alle gängigen Floskeln, die dem Leser nichts Neues bringen. Versuchen Sie, ab dem ersten Wort individuell zu sein.

Das Anschreiben lässt sich in 6 Abschnitte gliedern:

7.1.1 Persönliche Ansprache und Stimmung erzeugen

Nachdem Sie mit dem Ansprechpartner telefoniert haben, kennen Sie seinen Namen und können sich direkt von dem allgemeinen »Sehr geehrte Damen und Herren« abwenden und die direkte Anrede wählen. Hatten Sie zwei Gesprächspartner, nennen Sie beide im Anschreiben. Diese direkte Namensnennung führt immer zu einem verstärkten Verantwortungsgefühl Ihnen gegenüber, denn wer uns mit Namen anspricht, ist aus der Anonymität heraus und uns somit immer ein Stückchen näher gekommen.

Um diesen Effekt zu verstärken, beziehen Sie sich auf das geführte Gespräch. Sie leiten Ihr Schreiben also *nicht* mit der von 90% der Bewerber verwendeten Worthülse ein: »Mit großem Interesse habe ich Ihre Stellenausschreibung als … gelesen und möchte mich dafür bewerben …«. Ihre Einleitung hat sehr viel mehr Gewicht, wenn Sie in Anknüpfung an das Telefongespräch schreiben. Hier einige Beispiele:

- Das heutige freundliche Telefonat mit Ihnen und die interessanten Informationen daraus haben mich in dem Entschluss bestärkt, mich in Ihrem Unternehmen für die Stelle als … zu bewerben …
- Bezug nehmend auf unser heutiges Telefonat mit Ihren sehr interessanten Ausführungen schicke ich Ihnen meine schriftlichen Unterlagen …
- Vielen Dank für das informative Telefonat. Wie besprochen, übersende ich Ihnen meine schriftlichen Unterlagen …
- Anknüpfend an unser gestriges Telefongespräch, für das ich mich nochmals bedanke, möchte ich Ihnen anbei meine Unterlagen zukommen lassen …

Mit diesen Worten vermitteln Sie ihrem Gegenüber die Nachricht, dass er freundlich und informativ war, und auf diese Weise Ihre letzten Zweifel ausräumen konnte, sich zu bewerben. Dies beschreibt die vorbildliche Arbeit eines Personalers im Recruiting. Das liest er immer gerne schwarz auf weiß, und da eine solche Bewerbung schließlich durch einige Hände im Unternehmen geht, werden es auch andere lesen, auf deren Meinung er Wert legt.

Diesen positiven Ersteindruck könne Sie verstärken, indem Sie eine wohlwollende Aussage über das Unternehmen folgen lassen. Ist es Ihnen bekannt und Sie wissen, wofür das Unternehmen steht, können Sie dies direkt einfügen. Bei Unsicherheit rufen Sie die Homepage auf. Hier finden Sie immer auf einer der ersten Seiten Schlagworte, mit welchen das Unternehmen sich selbst schmückt. Dies sind Bezeichnungen wie »international, dynamisch, kreativ, schnell, innovativ, global, hoch spezialisiert, mit Tradition oder flexibel«. Greifen Sie die jeweilige Wortwahl auf und formulieren Sie einen Satz in der Art:

- … da mir Ihr Unternehmen als ausgesprochen innovativ und flexibel bekannt ist, erwarte ich in diesem Umfeld ideale Voraussetzungen, um meine bisherige Erfahrung in … erfolgreich einbringen zu können …
- … Ihr Ruf, als besonders kreative Agentur verspricht ein reizvolles Umfeld und herausfordernde Kundenprojekte …
- … da Ihr Haus in dem Ruf steht, auf dem Gebiet … außergewöhnlich spezialisiert zu sein, reizt mich die Arbeit in dem Umfeld sehr …
- … speziell Ihr Image als ausgesprochen innovatives Unternehmen entspricht meinen Vorstellungen einer fortschrittlichen Arbeit …

Diese zweite Aussage bestätigt das gewünschte Image des Unternehmens und Sie drücken mit Ihrer Äußerung aus, dass es erstrebenswert ist, in diesem Unternehmen zu arbeiten. Der Leser Ihrer Bewerbung ist angestellt in dem Unternehmen und fühlt sich durch Ihr Statement in seiner Situation positiv bestärkt, wodurch Sie bei ihm für eine positive Grundstimmung sorgen.

Dem Leser und seinem Arbeitgeber haben Sie nun erst einmal ein Kompliment gemacht und können zur Untermauerung Ihrer Glaubwürdigkeit einige Details folgen lassen.

Es versteht sich von selbst, dass es viele Arten der Formulierung für diese Aussagen gibt. Wählen Sie eine, die Ihrem Sprachgebrauch entspricht und bei der Sie sich wohlfühlen.

7.1.2 Darum passen Sie punktgenau auf den Job

Im zweiten Abschnitt geht es jetzt um Sie, also um die Details, warum Sie sich bewerben und wodurch Ihre einleitenden Aussagen nachvollziehbar werden.

Sie sollten die Stellenanzeige vor sich haben, um vertraut mit dem verwendeten Wortschatz zu sein und ihn in Ihre Formulierungen übernehmen.

Der gemeinsame Gebrauch einer »Unternehmenssprache«, definiert die Gruppe und grenzt sie nach außen ab. Diese Wortwahl, die sich in jedem Unternehmen kultiviert und irgendwann als allgemeingültig angesehen wird, kennzeichnet unbewusst, »wer dazugehört« und »wer anders ist, weil er sich anders ausdrückt«. Dies beginnt mit den ganz speziellen Stellenbezeichnungen, Produkt- und Produktionsbezeichnungen und dem dazugehörigen Fachjargon.

Also können Sie – wie es übrigens jedem Marketing- und Vertriebsprofi bekannt ist – über die Anpassung an Ihren Gegenüber erzielen, dass er Sie als ihm und seinem Umfeld ähnlich einschätzt und somit eher zustimmt.

Versuchen Sie nun, in wenigen Sätzen zu beschreiben, welche 2–3 Schwerpunkte in Ihrem Berufsleben Sie erfolgreich bewältigt haben oder noch ausfüllen. Idealerweise entsprechen diese einigen Aufgaben der Stellenbeschreibung.

Beispiel I Sie wollen auf eine Anzeige für eine Führungsposition im Vertrieb antworten.

In der Anzeige heißt es in der Aufgabenbeschreibung bzw. den Anforderungen:

- Eigenverantwortliches Führen eines Teams,
- Betreuung bestehender Kunden,
- Neukundenakquisition,
- Entwickeln von Kundenlösungen,
- Angebotserstellung,
- Präsentieren vor Kunden,
- Freude am Umgang mit Menschen und
- Abschlussstärke.

Mit dieser Vorlage kann dann ein Anschreiben »auf gleicher Wellenlänge« beispielsweise folgende Inhalte haben:

- … aufgrund meiner 3-jährigen Erfahrung in der Führung eines Teams …
- … da ich bereits über erste Führungserfahrung von Teams bis zu 6 Mitarbeitern verfüge …
- … im Rahmen von Projekten oblag mir die Führung von zeitweise bis zu 20 Mitarbeitern …
- … da es mir stets gelang, mir zugeordnete Gruppen/Abteilungen motiviert zum Erfolg zu führen …
- … mit meiner langjährigen Erfahrung im Vertriebsumfeld …
- … meine besondere Stärke liegt nach wie vor in der Akquisition neuer Kunden und im Aufbau tragfähiger Kundenbeziehungen …
- … bin heute bereits im anspruchsvollen Vertrieb mit der Entwicklung von maßgeschneiderten Lösungen für Kunden beschäftigt …
- … bin verantwortlich für den reibungslosen Vertriebsprozess von der Präsentation beim Kunden bis hin zur Angebotserstellung …
- … habe zu meinen Kunden ein überaus gutes Verhältnis aufgebaut, sodass ich über ein äußerst solides Kundennetz verfüge …
- … da für mich die individuelle Beratung und Ermittlung der Kundenwünsche immer das vorrangige Ziel ist, konnte ich sehr langfristige Kundenbeziehungen entwickeln …
- … konnte in den vergangenen Jahren immer ein Übererreichen der Ziele vorweisen …

Beispiel II Sie lesen eine Anzeige im Sekretariatsumfeld mit folgenden Aufgaben und Anforderungen:

- Allgemeine Sekretariatstätigkeit,
- Organisation von Dienstreisen,
- Vorbereiten von Meetings,
- Erstellen von Präsentationsunterlagen,
- belastbar und flexibel.

Im Anschreiben würden folgende Inhalte passen:
- … ich bin bestens vertraut mit der Organisation von Dienstreisen mittels moderner Buchungstechniken und deren Abrechnung nach aktuellen Richtlinien …
- … verfüge über langjährige Erfahrung in der Planung und Vorbereitung von Meetings und Konferenzen bis zu 30 Teilnehmern …
- … das Erstellen von vielseitigen Präsentationsunterlagen ist mir bestens vertraut …
- … aufgrund meiner langjährigen Erfahrung in der allgemeinen Sekretariatstätigkeit verliere ich auch bei erhöhtem Arbeitsanfall nicht den Überblick …
- … kann ich aufgrund von routiniertem Einsatz der Arbeitsmittel größere Arbeitsmengen sicher bewältigen …
- … Ausgeglichenheit und Freundlichkeit bei der Bewältigung meiner Aufgaben ist auch bei großen Arbeitsmengen selbstverständlich …
- … durch reichen Erfahrungsschatz kann ich mich flexibel auf ganz unterschiedliche Gegebenheiten einstellen …

Beispiel III Sie haben vor sich eine Anzeige im technischen Außendienst mit folgenden Aufgaben und Anforderungen:
- Wartungsarbeiten beim Kunden,
- Installationen beim Kunden,
- Reparaturen von Geräten,
- Beratung und Unterstützung des Vertriebs,
- Übernahme von Bereitschaftsdienst,
- hohe Servicebereitschaft,
- Flexibilität und
- Mobilität.

Die verwendete Sprache des Anzeigentextes kann sich wiederholen in folgenden Formulierungen:
- … aufgrund meiner langjährigen Erfahrung im technischen Außendienst ist zur Sicherstellung eines kundenorientierten Services die Teilnahme an Bereitschaftsdiensten für mich selbstverständlich …
- … ist mir das Potenzial, welches in einem guten Service auch für den Vertrieb steckt, bestens vertraut …
- … konnte ich in meiner bisherigen Tätigkeit durch sehr flexiblen Einsatz im gesamten süddeutschen Raum unter Beweis stellen, …

- … ist ein hoher Grad von Mobilität in Verbindung mit Reisetätigkeit auch mein jetziges Tagesgeschäft …
- … bin ich mit dem Installieren, Warten und Reparieren speziell der von Ihnen eingesetzten Geräte über Jahre bestens vertraut …
- … in der Position würde ich v. a. meine Erfahrung in der Beratung und Unterstützung des Vertriebs einbringen können …
- … durch vielfältige Erfahrungen weiß ich, dass eine hohe Serviceorientierung der Kernpunkt einer guten Kundenbeziehung ist …«

All diese Formulierungen greifen Teile des Anzeigentextes auf und liefern somit dem Leser einen hohen Wiedererkennungswert und den naheliegenden Gedanken, dass Ihre Erfahrungen gut passen könnten. Sie sprechen schon die Sprache des Unternehmens und das hinterlässt einen guten Eindruck.

Achtung: Beschreiben Sie hier nicht Ihre gesamten Berufserfahrungen, sondern konzentrieren Sie sich auf die Anforderungen. Es soll der Eindruck einer »Punktlandung« entstehen.

7.1.3 Das motiviert Sie

Im weiteren Verlauf des Anschreibens sollten Sie deutlich zeigen, was Sie an der neuen Stelle motiviert. Idealerweise verfügen Sie durch Ihr Telefonat über weiterführende Informationen, die Ihnen über den Anzeigentext hinausgehende Perspektiven aufzeigen. Begründen Sie glaubwürdig, warum Sie die Aufgabe nun übernehmen wollen. Was Sie ergänzend zur jetzigen Aufgabe reizt. Zeigen Sie Ihre Begeisterung für die bisherige Aufgabe und zeigen Sie Ihre weiteren beruflichen Ziele auf.

Bedenken Sie, wer sich mit fortgeschrittener Berufserfahrung bewirbt, sollte für sich definiert haben, was er persönlich als seine »berufliche Weiterentwicklung« ansieht. Je nachdem, ob also das Thema »Führung«, »Spezialisierung«, »zuverlässige Sachbearbeitung«, »Spaß an der Arbeit« oder »neue Herausforderungen« Ihr roter Faden ist, lassen Sie es hier überzeugend als Ziel Ihrer Bewerbung durchscheinen.

Beispiele für Formulierungen:

- … aufgrund meiner großen Erfahrung im Führen von Vertriebsteams von bis zu 6 Mitarbeitern reizt mich an der beschriebenen Stelle besonders die Übernahme größerer Führungsverantwortung …
- … speziell im Themenbereich Organisation fühle ich mich momentan nicht ausgelastet und verspreche mir von der beschriebenen Stelle eine anspruchsvollere Aufgabe …
- … da mir die gesamten Aufgaben innerhalb der Buchhaltung gut vertraut sind, sehe ich in der ausgeschriebenen Stelle die

Perspektive, mich auf den aus meiner Sicht interessantesten Bereich konzentrieren zu können …
- … die Stelle entspricht exakt meiner Spezialisierung, die ich in einem größeren/innovativeren Unternehmen umsetzen möchte …
- … da mir v. a. der Umgang mit Kindern immer große Freude bereitet hat, sehe ich hier ein ideales Aufgabengebiet für mich …
- … da ich über einen großen Erfahrungsschatz mit ständig wechselnden Aufgabengebieten verfüge, würde ich gerne weiterhin eine möglichst vielseitige Tätigkeit ausführen …
- … aufgrund des Umzugs meiner Familie in Ihre Region suche ich eine vergleichbare Aufgabenstellung …

7.1.4 Diesen Mehrwert bieten Sie

Nachdem Sie nun Interesse für Ihre Erfahrungen geweckt haben, sollten Sie zum Ausdruck bringen, dass Sie sich für geeignet halten, und bieten Ihre Unterstützung an. Wichtig an dieser Stelle ist es, nicht weiter aus Ihrer Sichtweise zu beschreiben, warum Sie die Stelle interessant finden, sondern in die Sichtweise des Arbeitgebers zu wechseln, um ihm vor Augen zu halten, dass Sie für ihn ein Gewinn sind, beispielsweise:
- … da speziell im Bereich Recruiting sehr anspruchsvolle Zeiten auf die Personalabteilungen zukommen, freue ich mich darauf, Sie mit meinem Erfahrungsschatz erfolgreich unterstützen zu dürfen …
- … aufgrund meines Erfahrungsschatzes bin ich überzeugt, den Herausforderungen der Position gut gewachsen zu sein und würde Ihr Team gerne bei zukünftigen Aufgabenstellungen unterstützen …
- … da mein Profil exakt der beschriebenen Stellenanforderung entspricht, würde ich gerne durch meinen Erfahrungsschatz einen wertvollen Beitrag zum weiteren Erfolg des Teams leisten …
- … In der Position würden v. a. meine Erfahrungen als … Ihrem Unternehmen zugutekommen …
- … Speziell mit meinem Wissen im Themenbereich … könnte ich Ihr Team bereichern.
- … durch immer neue Aufgaben und Herausforderungen in der Vergangenheit habe ich die Fähigkeit zur schnellen und sicheren Einarbeitung entwickelt, mit der ich gerne zum Teamerfolg beitragen möchte …
- … ich biete gut organisiertes und planvolles Arbeiten sowie mein ganzes Engagement für Ihr Team …
- … mit meinem Spezialwissen würde ich gerne zum Teamerfolg beitragen/zum Unternehmenserfolg einen Teil beisteuern …
- … mit meiner ausgeprägten Kontaktstärke würde ich mich gerne in das Unternehmen einbringen …

- … ich würde mich darüber freuen, meine gesamte Berufserfahrung in Ihr Unternehmen einbringen zu können …«

Wie Sie sehen, sprechen diese Formulierungen eine teilweise sehr selbstbewusste Sprache. Diese sollten Sie in dem Ausmaß anwenden, wie Sie sich dabei wohlfühlen. Aus zahlreichen Beratungen ist es mir bekannt, dass es nicht jedermanns Sache ist, sich so zu präsentieren. Allerdings sollten Sie sich an dieser Stelle folgende Frage stellen: Würden Sie einen neuen Mitarbeiter über 40 einstellen, der weiß, was er kann und sich bewusst bei Ihnen beworben hat oder lieber einen, der sich in diesem Alter präsentiert mit der Frage »Schätzen Sie mal ein, ob ich wohl geeignet bin, ich selber weiß es nicht so genau oder getraue mich nicht, es zu sagen …«?

Mit Ihrer langjährigen Berufserfahrung haben Sie auf jeden Fall den erforderlichen Hintergrund, um eine eigene fundierte Einschätzung über Ihre Eignung abgeben zu können. Vertreten Sie diese Meinung deutlich, fällt es dem Leser leichter ihr zu folgen.

Nutzen Sie Ihren Vorteil, sich an dieser Stelle klar von Berufsanfängern abheben zu können, die im Allgemeinen »sich vorstellen können, dass ihnen der Beruf Spaß machen wird …«

7.1.5 Beantwortung geforderter Angaben

Wird im Anzeigentext explizit die Frage nach Eintrittstermin und Gehalt gestellt, kann dieses kurz und knapp angesprochen werden:
- … Ab dem 01. Januar … kann ich meine Tätigkeit in Ihrem Hause aufnehmen …
- … Aufgrund meiner Kündigungsfrist von 3 Monaten zum Quartalsende, kann ich spätestens zum 01. Januar 2011 eine neue Tätigkeit aufnehmen, gehe aber davon aus, dass mein derzeitiger Arbeitgeber bezüglich eines Austrittstermins gesprächsbereit ist …
- … ich könnte ab dem 01. Januar 2011 die Aufgabe übernehmen, mit Einverständnis meines Arbeitgebers eventuell auch früher …
- … Meine gehaltlichen Vorstellungen liegen bei ca. 60.000 € Jahreseinkommen …

Diese direkte Antwort entspricht der Anforderung und kann direkt passend zur Einladung führen oder aber auch einen Ausschluss aus dem weiteren Verfahren bewirken.

Sollten Sie etwas flexibel in der Gehaltsfrage sein, bzw. wenn Sie wissen, dass Ihre Gehaltsforderungen relativ hoch sind, ist es manchmal besser, das Thema Gehalt in diesem Erstkontakt nicht auszuführen. Da es jedoch unhöflich wäre, gar nicht auf die Forderung einzugehen, bieten sich etwas vagere Formulierungen an, in der Art:

- ... mit meinen Gehaltsvorstellungen liege ich im branchenüblichen Bereich ...
- ... ich erwarte ein branchenübliches Gehalt ...
- ... eine der Aufgabe entsprechende Bezahlung ...
- ... ich gehe von einer der Tätigkeit angemessenen Bezahlung aus ...
- ... erwarte ich eine Ihrem Gehaltsgefüge angemessene Eingruppierung ...

Letztendlich haben Sie immer noch die Möglichkeit, auf das Gespräch zu verweisen:

- ... meine Gehaltsvorstellungen würde ich gerne im persönlichen Gespräch darlegen ...
- ... basierend auf meinen Vorstellungen – um die 60.000 € – bin im Gespräch bereit, dieses an die Unternehmensgegebenheiten anzupassen ...
- ... da für mich zunächst die Aufgabenstellung im Vordergrund steht, würde ich gehaltliche Themen gerne anschließend im persönlichen Gespräch erörtern ...

7

7.1.6 Zuversichtliche Schlussformulierung

Sie freuen sich natürlich auf das Gespräch und wollen dort weitere Einzelheiten besprechen:

- ... freue mich über die Gelegenheit, Sie im persönlichen Gespräch von meiner Eignung zu überzeugen ...
- ... für alle weiteren Auskünfte stehe ich Ihnen gerne in einem persönlichen Gespräch zur Verfügung ...
- ... gerne vervollständige ich den ersten Eindruck aus meinen schriftlichen Bewerbungsunterlagen in einem persönlichen Gespräch ...
- ... über einen weiterführenden Austausch von Informationen zu der angebotenen Position und meines Profils freue ich mich ...
- ... auf ein Gespräch zu Einsatzmöglichkeiten in Ihrem Unternehmen freue ich mich sehr ...
- ... über die Gelegenheit zu einem näheren Kennenlernen in einem persönlichen Gespräch freue ich mich ...

7.2 Initiativ-Anschreiben

Entnehmen Sie der Presse, dass sich ein Unternehmen in einer Wachstumsphase befindet oder sehen Sie, dass eine Firma gerade intensiv nach Personal sucht, sind die Chancen nicht schlecht, dass ganz bestimmte Tätigkeiten als Folge von diesem Aufbau bald auch mitwachsen werden. Hier können Sie vorausschauend Ihre

Bewerbungsunterlagen platzieren, damit sie schon da sind, wenn die offizielle Suche in dem Fachgebiet beginnt.

Senden Sie Ihre Unterlagen an den Ansprechpartner für die derzeitigen Bewerber und schildern Sie Ihre Beobachtung, z. B.:

- Wie ich Ihren Karriereseiten entnehme, erweitern Sie gerade Ihr Vertriebs-Team. Sollten Sie beabsichtigen, auch den Vertriebsinnendienst aufzubauen, möchte ich mich Ihnen bereits heute als erfahrene Vertriebsassistentin vorstellen.
- Wie ich der Tagespresse entnehmen konnte, planen Sie den Ausbau Ihrer Filiale in …, sollte dies auch zu einer Erweiterung des Teams in der Buchhaltung führen, sende ich Ihnen initiativ meine Unterlagen zu, die meine langjährige Erfahrung in diesem Tätigkeitsfeld beschreiben.
- Wie ich Ihrer Homepage entnehmen konnte, erweitern Sie den Service Ihres Unternehmens, indem Sie die Öffnungszeiten verlängern. Sollten Sie dadurch Verstärkung für Ihr Verkaufspersonal benötigen, würde ich mich Ihnen gerne als erfahrene Einzelhandelskauffrau vorstellen.

In Ihrem Anschreiben sollten Sie deutlich formulieren, dass Sie nicht in Erwartung einer sofort passenden Position an das Unternehmen herantreten. Ansonsten besteht das Risiko einer momentanen Prüfung der Situation und Ablehnung, falls zu dem Zeitpunkt noch keine geeignete Vakanz besteht. Bei längerfristigem Interesse bietet sich eine der folgenden Formulierung an:

- Sollten Sie derzeit keine passende Stelle für mich haben, wäre ich auch zu einem späteren Zeitpunkt an einer Beschäftigung in Ihrem Hause interessiert.
- Mein Interesse an einer Beschäftigung in Ihrem Unternehmen ist nicht auf den jetzigen Zeitpunkt begrenzt, weshalb ich Ihnen meine Unterlagen gerne längerfristig überlasse.
- Da ich mich in einem festen Anstellungsverhältnis befinde, wäre auch eine Einstellung zu einem späteren Zeitpunkt für mich von Interesse und Sie können meine Unterlagen gerne in Ihrer Reservedatenbank führen.

7.3 Exkurs: Datenschutz

AHA-INFOS

Um sich gegenüber Indiskretionen zu schützen, empfehlen Arbeitsjuristen gerne die Floskel:

- … da ich mich noch in einem ungekündigten Arbeitsverhältnis befinde, bitte ich um vertrauliche Behandlung meiner Bewerbung.
- … bitte ich ausdrücklich davon abzusehen, Kontakt zu meinem jetzigen Arbeitgeber aufzunehmen.

Diese Formulierung sichert Sie zwar ab, in professionell arbeitenden Organisationen empfinden Personaler sie aber als direkten Affront. Selbstverständlich unterliegen Bewerberdaten dem Datenschutz und Mitarbeiter von Personalabteilungen haben ein schon fast paranoides Verhältnis zum Thema personenbezogener Daten! Verschwiegenheit bezüglich Bewerberdaten gehört zum täglichen Umgang, und ein Hinweis darauf erübrigt sich!

Ob Erkundigungen über Sie bei Ihrem derzeitigen Arbeitgeber erlaubt sind, ist nicht klar gesetzlich geregelt. Es ist inzwischen jedoch allgemein anerkannt, dass direkte Anfragen bei derzeitigen Arbeitgebern unzulässig sind, da sich diese schädlich auf Ihr Arbeitsverhältnis auswirken können.

Wenn aus Ihren Unterlagen klar ersichtlich ist, dass Sie sich in einem ungekündigten Angestelltenverhältnis befinden, wird im Normalfall ein Unternehmen nicht ohne Ihre ausdrückliche Genehmigung bei Ihrem derzeitigen Arbeitgeber Informationen über Sie einholen.

Auch mit Ihrer Erlaubnis darf sich der künftige Arbeitgeber nur auf Fragen beschränken, die dem Inhalt einer Zeugniserteilung entsprechen. Der Arbeitgeber ist verpflichtet, wahrheitsgemäß und wohlwollend Auskunft zu erteilen. Hält er sich nicht an diese Kriterien und schadet Ihnen mit seinen Aussagen, macht er sich schadensersatzpflichtig. Für alle vergangenen Arbeitsverhältnisse Ihres beruflichen Werdegangs kann der potenzielle Arbeitgeber ungefragt Einkünfte, die für Ihre Arbeitsleistung relevant sind, einholen.

DO IT!

Zusammenfassung

- Mit Ihrem Anschreiben haben Sie für »Chemie« gesorgt. Das bedeutet, Sie haben dem Leser echtes Interesse gezeigt, dann haben Sie ihm und seinem Arbeitgeber gegenüber Freundlichkeit zum Ausdruck gebracht und anschließend Ihre wichtigsten Profilanforderungen in seiner »Sprache« bestätigt sowie Ihre Begeisterung für die Aufgabe glaubwürdig vermittelt.
- Sich selbst in sehr überzeugter Darstellung zu »**be**werben«, fällt nicht jedem leicht. Besonders eher bescheidene oder sehr sachliche Menschen verspüren schnell das Gefühl der Unaufrichtigkeit bei zu positiven Formulierungen. Versuchen Sie dennoch – im Rahmen des für Sie Erträglichen – überzeugt von sich aufzutreten, denn nur wenn Sie dies zum Ausdruck bringen, kann der Leser auch zu demselben Schluss kommen.
- Neben dem Antworten auf Stellenanzeigen führen auch Initiativbewerbungen oftmals zum Erfolg. Auf diesem Weg können Sie eine Grundlage schaffen, um zu einem späteren Zeitpunkt mit entscheidendem Vorsprung – vielleicht konkurrenzlos – in Gespräche zu gehen.
- Nach dem Lesen Ihres Anschreibens sollte der Verantwortliche in der Stimmung sein: »Na, das scheint ja gut zu passen, schauen wir mal, ob der Lebenslauf das alles bestätigt«.

Der Lebenslauf »lebt«!

A. Eggert, *Ab 40 bewirbt man sich anders*,
DOI 10.1007/978-3-642-41171-7_8,

DO IT!

In vielen Köpfen herrscht noch die Meinung vor, dass der Lebenslauf eine Darstellung von unveränderbaren Tatsachen ist und deshalb einmal erstellt, jeder Bewerbung unverändert beigefügt werden muss.

Natürlich lässt sich an den Fakten Ihres Berufslebens nichts verändern – aber erfolgreich wird Ihre Bewerbung erst dann, wenn Sie die geeigneten Angaben zum passenden Job präsentieren. Denn das Ziel des Lebenslaufs besteht darin, Ihre Einschätzung aus dem Anschreiben durch Fakten für den Leser zu untermauern. Das bedeutet, dass Sie in Abhängigkeit von der Beschreibung der Position die jeweils zweckdienlichen Daten in den Vordergrund stellen, indem Sie diese ausformulieren und aufschlüsseln, während Sie die weniger relevanten Angaben kurz oder gar nicht erwähnen.

Bedenken Sie: Es geht nicht darum, ein besonders vielseitiges Leben darzustellen, sondern auf die Anforderungen zu passen. Da die Stellenprofile unterschiedliche Schwerpunkte haben, sollte Ihr Lebenslauf flexibel diesen Anforderungen folgen. Es versteht sich von selbst, dass Sie in der Darstellung bei der Wahrheit bleiben – aber mit einigen Jahren Lebens- und Berufserfahrung haben Sie den besonderen Vorteil, dass Sie mehrere Wahrheiten darstellen können, da Sie aus einem größeren Repertoire schöpfen. Berufsanfänger haben schlichtweg nicht die »Spielmasse«, um Flexibilität in den Lebenslauf zu bringen. Nutzen Sie Ihren Vorteil!

8.1 Formale Aspekte des Lebenslaufs

Wegen der Übersichtlichkeit und leichteren Lesbarkeit hat sich die tabellarische Darstellung gegenüber ausformulierten Lebensläufen durchgesetzt. Von daher sollten Sie den als Text ausformulierten oder auch den handschriftlichen Lebenslauf nur auf ausdrücklichen Wunsch einreichen.

Ein tabellarischer Lebenslauf sollte so kurz wie möglich, aber auch so lang wie nötig sein. Mit Ihrer Berufserfahrung werden Sie ihn über mindestens zwei bis drei Seiten verteilen.

Vermeiden Sie alles, was die Übersichtlichkeit des Lesens behindert, wie beispielsweise Kursivschriften oder farbige Schriften. Auch Doppel-Formatierungen, wie fett und gleichzeitig unterstrichen, sollten Sie nicht anwenden. Arbeiten Sie lieber gezielt mit Fettdruck, Unterstreichungen oder größeren Schriften für die Daten, die schneller ins Auge fallen sollen. Diese Zeichen werden auch bei digitalen Bewerbungen unverändert umgesetzt, gehen nicht durch Schwarz-Weiß-Drucker verloren und werden nicht verzerrt auf Bildschirmen dargestellt.

8.1.1 Persönliche Daten

Diese kommen wahlweise auf das Deckblatt unter das zentral positionierte Bild (siehe Anmerkungen zur Wirkung der Bildposition) oder auf ein Blatt mit der Überschrift Lebenslauf, **C**urriculum **V**itae oder CV.

- Vor- und Zuname, evtl. Geburtsname,
- Adresse,
- Telefonnummern,
- E-Mail-Adresse,
- Geburtsdatum und ort (falls nicht in Deutschland, bitte das Land angeben),
- Familienstand, Anzahl der Kinder, Alter der Kinder (für Bewerberinnen: Bei jungen Kindern ist es vorteilhaft direkt mit anzugeben, wenn die Betreuung durch Kita, Krippe oder Großeltern gewährleistet ist),
- Religionszugehörigkeit (nur, wenn die Tätigkeit oder der Arbeitgeber einen religiösen Bezug hat),
- Staatsangehörigkeit (bei deutsch nicht zwingend, der Arbeitgeber muss allerdings erkennen können, ob eine Arbeitsgenehmigung erforderlich ist) und
- bitte *keine* Angaben mehr zu den Eltern.

8.1.2 Angestrebte Tätigkeit

Hier präsentieren Sie nochmals die Stellenbezeichnung aus der Anzeige. Damit verdeutlichen Sie dem Leser sofort, dass Sie keinen Standard-Lebenslauf als Serienbrief versenden, sondern sich speziell für die ausgeschriebene Position bemühen.

8.1.3 Werdegang

Es gibt grundsätzlich zwei Möglichkeiten, Ihren Werdegang zu dokumentieren:

- **Chronologisch**: der deutsche Lebenslauf. Ihre Darstellung beginnt mit der Schulausbildung, gefolgt von Berufsausbildung und Ihrer Berufserfahrung bis heute.
- **Umgekehrt chronologisch**: der amerikanische Lebenslauf. Ihre Beschreibung beginnt mit Ihrer letzten Berufsstation und verläuft rückwärts über Ihre Tätigkeiten bis hin zur beruflichen und schulischen Ausbildung.

Für Berufsanfänger empfiehlt sich der chronologische Aufbau, denn das Highlight ihrer Bewerbung ist die Darstellung des erfolgreichen Schul- oder Studienabschlusses gleich zu Beginn des Lebenslaufes.

Dieser Blickwinkel würde sich bei Bewerbern mit umfangreicherem Berufsweg allerdings ungünstig auswirken, denn der Leser müsste dann viele Informationen aufnehmen, bevor er zu dessen aktuellen Berufsstation kommt. Da eine Vielzahl von Bewerbungen immer Zeitdruck beim Lesen mit sich bringt, kann es vorkommen, dass der Empfänger einen sehr umfangreichen Lebenslauf gar nicht bis hin zum Ende durchliest, wenn er nicht frühzeitig die richtigen Schlüsselwörter erkennt. Es ist daher wichtig, Ihre entscheidenden Pluspunkte ganz offensichtlich zu präsentiert – danach suchen zu müssen bedeutet das »Aus« im Wettbewerb.

Aus diesem Grund ist es für Sie als Berufserfahrener deutlich vorteilhafter, die Darstellung mit dem zuletzt erreichten Job zu beginnen. Da die meisten Bewerber innerhalb ihrer Branche oder ihres Berufsbildes bleiben, bzw. sich auf einer Vorstufe zur neuen Position befinden, kann auf diese Art sehr schnell eine inhaltliche und vielleicht auch in der Positionsbeschreibung offensichtliche Übereinstimmung verdeutlicht werden. Führen Sie den Blick des Lesers, sodass er den restlichen Text mit der vorgefassten Einstellung betrachtet, dass »es passt«.

Hier entfaltet auch die vorgeschaltete Zeile mit der angestrebten Tätigkeit ihren zweiten Nutzen: Sie unterstützt rein optisch schon die Übereinstimmung Ihrer bisherigen Tätigkeit mit der neuen Anforderung.

Ihr Vorteil gegenüber Berufsanfängern, bereits Erfahrung in dem gewünschten oder ähnlichen Berufen vorweisen zu können, wird so optimal genutzt.

Streben Sie jedoch ein komplett neues Berufsbild mit der Bewerbung an, sollten Sie überprüfen, ob eventuell die Berufsausbildung/das Studium mehr Nähe zu der neuen Stellenbeschreibung aufzeigt und in diesem Fall dann möglicherweise die chronologische Darstellung der bessere Türöffner ist.

8.2 Formaler Aufbau des amerikanischen Lebenslaufs

Nach den persönlichen Daten und der angestrebten Tätigkeit folgen die aktuellen beruflichen Daten.

- **Beruflicher Werdegang**

Einstieg mit der heutigen Beschäftigung, gefolgt von Ihren beruflichen Stationen mit Angaben zu
- Zeitraum (Monat/Jahr),
- Genaue Art der Tätigkeit, Abteilung,
- Arbeitgeberdaten, Ort,
- Aufgaben- und Verantwortungsbereich.

Bei der Beschreibung der Aufgabe haben Sie den flexiblen Bereich des Lebenslaufs vor sich. Hier sollten Sie in drei bis fünf Unterpunkten darstellen, wie die Schwerpunkte Ihrer Tätigkeiten aussahen. Nutzen Sie diese Gelegenheit, um die passenden Themen aus Ihrem Erfahrungsschatz in den Vordergrund zu stellen. Bei Tätigkeiten mit geringem Bezug zur ausgeschriebenen Stelle sind Zusammenfassungen hilfreich, um die Prägnanz des Lebenslaufs zu erhöhen.

- **Weiterbildung**

Hier sind alle Seminare und Zertifizierungen sowie Berufsabschlüsse, die dem angestrebten Berufsziel dienlich sind, aufzuführen:
- Zeitraum,
- Träger,
- Inhalt oder Abschluss.

- **Studium/Ausbildung**
- Zeitraum (Monat/Jahr),
- Fachhochschule, Universität, Studiengang, Vertiefungsrichtung, Ort,
- Arbeitgeberdaten, Art der Ausbildung, Ort,
- Abschluss (Noten nur angeben, wenn sie besonders vorteilhaft sind) und
- Thema der Abschlussarbeit/Promotion (nur wenn es zum aktuellen Thema passt).

- **Wehrdienst/Zivildienst**
- Zeitraum,
- Bataillon und
- Standort.

- **Schulausbildung**
- Zeitraum,
- Typ und Name der Schule,
- Standort sowie
- Abschluss.

- **Weitere Tätigkeiten/Praktika**

An dieser Stelle können Sie alle Tätigkeiten, die Interesse in Richtung des neuen Jobs zeigen oder allgemeines Engagement demonstrieren, aufführen:
- Zeitraum,
- Arbeitgeberdaten,
- Tätigkeitsbereich.

- **Zusatzqualifikationen**
- Sprachkenntnisse,
- EDV-Kenntnisse.

Und schließlich auch **Interessen, Ehrenämter** und **Hobbys**.

DO IT!

- **Ort, Datum, Unterschrift**
Jeder Lebenslauf wird mit einem aktuellen Datum versehen und mit Ihrer Unterschrift (ohne Grußformel) bestätigen Sie die Richtigkeit Ihrer Angaben.

- **Offener Umgang mit Lücken**
Da der Check eines Lebenslaufs in der Personalabteilung grundsätzlich die Suche nach Lücken beinhaltet, können Sie davon ausgehen, dass diese immer »entdeckt« werden. Um also nicht die Fantasie des Lesers anzuregen, sollten Sie darauf achten, Zeiten ohne Beleg durch Arbeitgeberzeugnisse aufzuführen und auch zu deklarieren. Handelt es sich dabei um kurze Zeiträume (1–3 Monate), werden diese als »Stellensuche« akzeptiert. Auslandsaufenthalte und familiäre Belange, wie Erziehungszeiten und Pflege von Elternteilen sind anerkannte Fehlzeiten für längere Zeiträume.

- **Zeiten der Arbeitslosigkeit**
Wie die Arbeitsmarktlage der letzten Jahre gezeigt hat, können wir uns alle nicht vor unverschuldeten Zeiten ohne festes Anstellungsverhältnis schützen, und es wird auch glücklicherweise längst nicht mehr pauschal über Arbeitslosigkeit geurteilt. Wichtig in Ihrer Darstellung ist allerdings, dass Sie diese Zeiten nicht als passiv arbeitslos darstellen, sondern erläutern, wie Sie die Phase aktiv genutzt haben. Dies kann durch Vertiefung bestimmter Themen im Internet, Weiterbildungskurse der VHS, Sprachstudien in Eigeninitiative, Recherchen im Internet oder auch ehrenamtliches Engagement geschehen.

8.3 Die Bedeutung von Freizeitangaben für Ihre Bewerbung

Bei diesen Informationen fragen sich viele Bewerber »Was geht den neuen Arbeitgeber meine Freizeitgestaltung an?« Natürlich sind diese Angaben nicht das Kernstück einer Bewerbung und der Arbeitgeber hat nicht das Recht, danach zu fragen.

Aber Sie wollen sich und Ihre Person ja an dieser Stelle als geeigneten Kandidaten präsentieren und alle Register des »Marketing in eigener Sache« ziehen. Da wäre es fahrlässig, dieses Angebot zur Darstellung weiterer Informationen über Sie nicht zu nutzen. Interessieren wird es den Leser in jedem Fall!

Da in unserer Gesellschaft allgemein soziales, kulturelles oder sportliches Engagement Anerkennung findet, werten Angaben darüber Ihren Lebenslauf insgesamt auf. Grundsätzlich wird von einer aktiven Freizeitgestaltung auch auf eine aktive Arbeitsgestaltung geschlossen.

Von dem in den letzten Jahren entstandenen Trend, durch ausgefallene Hobbys auf sich aufmerksam zu machen, sollten Sie allerdings Abstand nehmen. Es geht bei dieser Präsentation nicht darum, besonders schillernd zu erscheinen, sondern dies ist die Gelegenheit, Ihr zuvor präsentiertes Bild abzurunden. Berufstätige in fortgeschrittenem Alter können über diesen Weg zeigen, dass sie in die Gesellschaft integriert sind und ausgeglichen, vielleicht sogar führend daran teilhaben.

Aus Freizeitinteressen werden gerne Rückschlüsse auf Charaktereigenschaften und deren Auswirkungen auf den Job gezogen. Allerdings findet dies in einem sehr begrenzten Rahmen mit folgenden teilweise laienhaften Interpretationen statt:

- Ehrenämter werden als soziales Engagement interpretiert.
- Bei Angabe von Mannschaftssport oder Musik im Orchester wird Teamstärke zugesprochen.
- Mitwirkung bei Veranstaltungen bedeutet organisatorische Stärke.
- Dozententätigkeit impliziert Selbstsicherheit im Auftreten.
- Individualsportarten wie Marathon, Tauchen und Bergsteigen werden gerne mit Disziplin, Zähigkeit und Ausdauer in Verbindung gebracht.
- Bei einer Trainertätigkeit nimmt man Führungsqualitäten an.
- Schiedsrichtern spricht man Verantwortungsgefühl und Selbstständigkeit zu.
- Interesse an Literatur wird als Ernsthaftigkeit im Gegensatz zu Oberflächlichkeit gewertet.
- Schach spielen zeigt Stärken in logischem/strategischem Denken.
- Reisen bedeutet kulturelles Interesse.
- Malen/Zeichnen/Kunsthandwerk führt zur Einschätzung von Kreativität.

Bitte beachten Sie, dass Ihre angegebenen Interessen den Tatsachen entsprechen sollten, damit man Sie auch bei Nachfragen nicht in Verlegenheit bringt. Wer also beispielsweise »Biografien lesen« angibt, sollte wissen, welches Buch er gerade auf dem Nachttisch hat, und auch begründen können, welche Biografien reizvoll sind oder warum ihn das Thema so fasziniert.

AHA-INFOS

Für Berufsanfänger ist dies oftmals die einzige Möglichkeit, sich von der Masse abzuheben und sie dürfen diese Themen etwas ausgiebiger einsetzen. Sie als Berufserfahrener sollten »nur sehr dosiert würzen«, da Ihr Schwerpunkt in den erfolgreichen Tätigkeiten liegt. Beschränken Sie sich bei der Angabe von Freizeitinteressen auf wenige, relevante, da eine hohe Anzahl von Engagements ein zu starkes Gewicht auf Ihr Privatleben legt. Der Leser darf sich nicht fragen »Wie will der Bewerber denn dann noch seine Arbeit bewältigen?«

Ansonsten könnte es Ihnen wie dem Hobby-Golfer ergehen, der mit einem brillanten Handicap bei der Bewerbung abgelehnt wurde, weil man davon ausging, dass er bei der sportlichen Leistung eigentlich seinen ganzen Tag auf dem Golfplatz verbringen müsste.

Ein weiterer Vorteil in der Angabe einiger Freizeitinteressen liegt darin, dass Sie Ihr späteres Bewerbungsgespräch dadurch mit steuern, denn Sie liefern die Vorlage für Fragen, auf welche Sie bestens vorbereitet sind. In unzähligen Bewerbungsgesprächen konnte ich erleben, wie am Ende des Gesprächsverlaufs die abschließende Frage an den Kandidaten lautete: »Ich habe Ihrem Lebenslauf entnommen, dass Sie gerne … machen, mit was genau beschäftigen Sie sich zurzeit?«

Auf diese Weise kommt manchmal ein 3. Pluspunkt ins Spiel: Denn es findet »Chemie« statt, wenn Gemeinsamkeiten zwischen den Gesprächspartnern entstehen, da sie zufälligerweise beide Motorradfahrer sind, Modelleisenbahnen lieben oder Asienreisen unternehmen. Es ist auch schon vorgekommen, dass ein Kandidat ein Musikinstrument spielte, das optimal in die Firmen-Band passte oder die Fußballmannschaft verstärken konnte. Da genau dieser Small Talk mit schönen Erinnerungen verbunden ist, wirkt sich dieses Thema zumeist positiv auf die Situation aus, und nach dem Gespräch sagt dem Abteilungsleiter »sein Bauchgefühl«, dass genau der Bewerber optimal passt!

Selbstverständlich können Sie nicht immer davon ausgehen, dass Ihr Gesprächspartner die Begeisterung für Ihr Thema teilt, im Extremfall lehnt er ein spezielles Hobby auch kategorisch ab, wie beispielsweise der Abteilungsleiter, der seinen Sohn durch einen Motorradunfall verloren hat.

Die Angabe Ihrer Aktivitäten beeinflusst die Stimmung auch bei Profis, die sich gegen diese Einflüsse zu wehren versuchen.

8.4 Beispiele für Lebensläufe

Auf den folgenden Seiten finden Sie zur Anregung einige Beispiele für den Aufbau umgekehrt chronologischer Lebensläufe. Die Wahl der Schrift und Abgrenzungen der einzelnen Abschnitte ist reine Geschmackssache – sicherlich finden Sie für sich weitere Optimierungen (◘ Abb. 8.1, ◘ Abb. 8.2, ◘ Abb. 8.3, ◘ Abb. 8.4, ◘ Abb. 8.5).

DO IT!

Zusammenfassung

- Die Darstellung Ihres Lebenslaufs ist anpassungsfähig!
- Mit der Berufserfahrung im Alter über 40 können Sie spielerisch jeweils die Facetten Ihres Erfahrungsschatzes zeigen, die den Anforderungen der interessanten Stelle entsprechen.

LEBENSLAUF

PERSÖNLICHE DATEN

Name: .
Adresse: .

Telefon: .
E-Mail: .
Geburtsdatum / -ort: .
Familienstand: .
Staatsangehörigkeit: .

ANGESTREBTE TÄTIGKEIT

BERUFSERFAHRUNG

00/00–heute	Firma Position • •	Ort
00/00–00/00	Firma Position • •	Ort

STUDIUM UND BERUFSAUSBILDUNG

00/00–00/00	Firma Ausbildung	Ort
00/00–00/00	Universität / Fachhochschule	

WEHRDIENST/ZIVILDIENST

00/00–00/00 Bataillon, Standort

SCHULAUSBILDUNG

00/00–00/00 Realschule/Gymnasium, Abschluss:
00/00–00/00 Grundschule

WEITERE TÄTIGKEITEN

00/00–00/00 Tätigkeit

WEITERBILDUNGEN

00/00 Seminar

EDV-KENNTNISSE

SPRACHKENNTNISSE

INTERESSEN

Ort, Datum

Unterschrift

Abb. 8.1 Amerikanischer Lebenslauf, sachlich-schlicht

LEBENSLAUF

Persönliche Daten:

Name:	.	
Adresse:	.	
Telefon:	.	
E-Mail:	.	
Geburtsdatum / -ort:	.	
Familienstand:	.	
Staatsangehörigkeit:	.	
Angestrebte Tätigkeit:		
Berufserfahrung:	**00/00–heute** **Firma** **Position**	**Ort**
00/00 – 00/00	**Firma** **Position** • •	**Ort**
Studium/Berufsausbildung:		
	00/00–00/00 **Firma** **Ausbildung**	**Ort**
	00/00–00/00 **Universität / Fachhochschule**	**Ort**
Wehrdienst/Zivildienst:	**00/00–00/00** **Bataillon,**	**Standort**
Schulausbildung:	**00/00–00/00** **Realschule/Gymnasium, Abschluss:**	
Grundschule	**00/00–00/00**	
Weitere Tätigkeiten:	**00/00–00/00** **Tätigkeit**	
Weiterbildung:	**00/00** **Seminar**	
EDV-Kenntnisse:		
Sprachkenntnisse:		
Interessen:		

Ort, Datum
Unterschrift

Abb. 8.2 Amerikanischer Lebenslauf mit komprimierter Schrift (für – unvermeidliche – lange Namen, Arbeitgebernamen, Informationen)

LEBENSLAUF

PERSÖNLICHE DATEN

Name: .
Adresse: .

Telefon: .
E-Mail: .
Geburtsdatum / -ort: .
Familienstand: .
Staatsangehörigkeit: .

ANGESTREBTE TÄTIGKEIT

BERUFSERFAHRUNG

00/00–heute	Firma Position • •	Ort
00/00–00/00	Firma Position • •	Ort

STUDIUM UND BERUFSAUSBILDUNG

00/00–00/00	Firma Ausbildung	Ort
00/00–00/00	Universität / Fachhochschule	

WEHRDIENST/ZIVILDIENST

00/00–00/00 Bataillon, Standort

SCHULAUSBILDUNG

00/00–00/00 Realschule/Gymnasium, Abschluss:
00/00–00/00 Grundschule

WEITERE TÄTIGKEITEN

00/00–00/00 Tätigkeit

WEITERBILDUNGEN

00/00 Seminar

EDV KENNTNISSE

SPRACHKENNTNISSE

INTERESSEN

Ort, Datum

Unterschrift

Abb. 8.3 Amerikanischer Lebenslauf mit eleganter Schrift (dezent strukturiert durch Striche)

Curriculum Vitae

Persönliche Daten:
Name: .
Adresse: .

Telefon: .
E-Mail: .
Geburtsdatum / -ort: .
Familienstand: .
Staatsangehörigkeit: .

Berufserfahrung:

00/00–heute	**Firma** **Position** • •	**Ort**
00/00–00/00	**Firma** **Position** • •	**Ort**

Berufsausbildung:

00/00–00/00	**Firma** **Ausbildung**	**Ort**

Wehrdienst/Zivildienst:

00/00–00/00	Bataillon, Standort

Schulausbildung:

00/00–00/00	Realschule/Gymnasium, Abschluss:
00/00–00/00	Grundschule

Weitere Tätigkeiten:

00/00–00/00	Tätigkeit

Weiterbildung:

00/00–00/00	Seminar

EDV-Kenntnisse:

Sprachkenntnisse:

Interessen:

Ort, Datum, Unterschrift

Abb. 8.4 Amerikanischer CV mit harmonischer Wirkung (durch formschöne Schrift)

LEBENSLAUF

PERSÖNLICHE DATEN

Name: .
Adresse: .

Telefon: .
E-Mail: .
Geburtsdatum / -ort: .
Familienstand: .
Staatsangehörigkeit: .

ANGESTREBTE TÄTIGKEIT

.

BERUFSERFAHRUNG

00/00–heute	Firma Position • • •	Ort
00/00–00/00	Firma Position • • •	Ort

STUDIUM UND BERUFSAUSBILDUNG

00/00–00/00	Firma Ausbildung	Ort
00/00–00/00	Universität / Fachhochschule	

WEHRDIENST/ZIVILDIENST

00/00–00/00	Bataillon, Standort

SCHULAUSBILDUNG

00/00–00/00	Realschule/Gymnasium, Abschluss:
00/00–00/00	Grundschule

WEITERE TÄTIGKEITEN

00/00–00/00	Tätigkeit

WEITERBILDUNGEN

00/00	Seminar

EDV-KENNTNISSE

SPRACHKENNTNISSE

INTERESSEN

Ort, Datum

Unterschrift

Abb. 8.5 Amerikanischer Lebenslauf, eher technisch (mit deutlicher Struktur durch Balken)

- Bauen Sie Ihren CV ungekehrt chronologisch auf, damit Ihr zuletzt erreichter beruflicher Status direkt »ins Auge springt«. Einzige Ausnahme: Ist die Ausbildung der Anknüpfungspunkt, bleiben sie im chronologischen Ablauf, um so eine Gemeinsamkeit frühzeitig aufzuzeigen.
- Durch die Angabe der privaten Interessen schaffen Sie eine weitere Möglichkeit der positiven Gesprächsentwicklung.

Ergänzende Informationen für den Arbeitgeber

A. Eggert, *Ab 40 bewirbt man sich anders*,
DOI 10.1007/978-3-642-41171-7_9, © Springer-Verlag Berlin Heidelberg 2015

9.1 Die 3. Seite

AHA-INFOS

In den 90er-Jahren kam in Deutschland die Strategie auf, Bewerbungen eine sog. 3. Seite beizufügen, um sich nochmals von Mitbewerbern abzuheben. Der Name ergibt sich aus der Anordnung nach Anschreiben und Lebenslauf und der Tatsache, dass sie ein DIN-A4-Blatt umfasst. Hier können Sie unter einer Interesse weckenden Überschrift nochmals aufzeigen, wie Ihre Motivation, Ihre Eigenschaften oder Projekterfahrungen Sie für die Stelle besonders geeignet erscheinen lassen.

Mögliche Überschriften sind:

- Was Sie über mich wissen sollten.
- Was mich motiviert.
- Was Sie sonst noch wissen sollten.
- Zu meiner Person.

Berufserfahrenen Bewerbern, deren Lebenslauf etwas den »roten Faden« vermisst, bietet diese Darstellung die Gelegenheit, Gemeinsamkeiten aus den verschiedenen Berufsstationen herauszugreifen und den gemeinsamen Nenner konzentriert zu präsentieren.

Diese Seite sollte nicht überladen werden, sondern dem Leser den Eindruck vermitteln, auf einen Blick das Wesentliche überfliegen zu können. Sollten Sie sich zu dieser Seite entschließen, folgen Sie möglichst dem allgemeinen Rat, nicht länger als 15 Zeilen zu schreiben.

9.2 Das Motivationsschreiben

Hierbei handelt es sich um eine inzwischen allgemein definierte Form der 3. Seite.

Immer häufiger werden von Bewerbern für Stipendien und Studienplätze, in jüngster Zeit auch vermehrt von der Wirtschaft, sogenannte Motivationsschreiben verlangt.

Motivationsschreiben sollen aus Ihrer Sicht als Bewerber verdeutlichen, warum ausgerechnet Sie so unbedingt der Richtige für die betrachtete Stelle/Studienplatz sind. Sie beinhalten Eckdaten aus dem Lebenslauf, logische Schlussfolgerungen, warum diese eine ideale Basis für die angestrebte Tätigkeit sind und warum darüber hinaus Sie der bestens geeignete Bewerber sind. Um diese Informationen wirklich auf den Punkt zu bringen, müssen Sie sich über Ihre Wünsche, Ziele und Fähigkeiten im Klaren sein und diese mit den geforderten Fähigkeiten des Jobs überzeugend in Verbindung setzen. Das maximal 2-seitige Schreiben sollte am Ende folgende Fragen beantwortet haben:

- welche Highlights gab es in Ihrem beruflichen Leben?
- Wie sehen Ihr Leistungswille, Ihre Motivation und Engagement aus?

- Über welche besonders passenden Hard Skills (Fachkenntnisse, Qualifikationen, Spezialkenntnisse) verfügen Sie?
- Welche besonderen Soft Skills (Persönlichkeitseigenschaften, Soziale Kompetenz, Soziale Intelligenz) bringen Sie mit?
- Darum sind Sie die Idealbesetzung für die betrachtete Stelle!

Da keine formalen Angaben für diese Schreiben vorgegeben sind, können diese als kreativster Teil der Bewerbung entweder als Fließtext, fast schon wie ein Brief verfasst werden (»große Bruder des Anschreibens«), wahlweise aber auch als Aufzählung oder auch als Mischform erfolgen.

Aber: Sollten Sie ein gelungenes, motiviertes Anschreiben für Ihre Bewerbung verfasst haben, bietet ein zusätzliches Motivationsschreiben eigentlich keine wirklich neuen Informationen. So gibt es inzwischen durchaus Skepsis gegenüber diesem Vorgehen, welches mittlerweile ca. 20% der Bewerber anwenden, da es kritisch betrachtet zu einem künstlichen Aufplustern der Unterlagen führt.

Meine Empfehlung: Legen Sie ein Motivationsschreiben nur Ihrer Bewerbung bei, wenn es explizit vom Arbeitgeber angefordert wird.

9.3 Das Skill-Profil oder Projekt-Portfolio

Bei längerer Berufserfahrung mit umfangreicher Projekttätigkeit oder sehr vielfältigen Aufgabenstellungen entsteht oftmals beim Erstellen des Lebenslaufs das Gefühl, nicht alle nötigen Informationen untergebracht zu haben.

In dem Fall kann die Auflistung durchgeführter Projekte oder Aufgabenstellungen mit Angaben zu Budgetgröße, Verantwortungsrahmen oder Umsatzzahlen wertvolle Aussagen für den Leser liefern.

Aktuelle Projekte sollten auch hier im Vordergrund stehen. Manche Berater empfehlen, Projekte, die länger als 5 Jahre her sind, nicht mehr aufzuführen. Speziell in der IT sind viele Fachgebiete dann veraltet. Aus meiner Erfahrung geht es allerdings nicht nur darum, »up to date« zu sein, sondern alleine die Darstellung eines vielseitigen und umfassenden Erfahrungsschatzes beeindruckt den zukünftigen Arbeitgeber zusätzlich. Er zeigt ihm, dass Sie ein breites Fundament im Fachgebiet haben, wodurch viele Problemlösungen besser gelingen. In der Beschreibung sollten demnach länger zurückliegende Projekte zwar genannt, aber dann kurz und knapp zusammengefasst werden.

9.4 Die Anlagen

Grundsätzlich sind die beruflichen Phasen Ihres Lebenslaufs über Tätigkeiten und Qualifizierungen durch die entsprechenden Dokumente zu belegen. DO IT!

Versenden Sie keine Originale, sondern ausschließlich gute Kopien. Zum leichteren Lesen legen Sie die Seiten in der Ordnung des Lebenslaufs bei.

- Das letzte qualifizierte Zwischen- oder Arbeitszeugnis des Arbeitgebers,
- alle anderen qualifizierten Arbeitgeberzeugnisse,
- Zeugnisse aus Praktika,
- Zeugnisse über Berufsabschlüsse,
- Diplome,
- Abschlusszeugnis der Schule,
- Zertifikate aus Fort- und Weiterbildungen,
- Bescheinigungen über Seminarteilnahmen, die im Bezug zur künftigen Aufgabenstellung stehen,
- Referenzen,
- Arbeitsproben nur dann, wenn gefordert. Dies ist speziell in kreativen Bereichen, wie Marketing und Design üblich.
- Handschriftenproben nur auf ausdrücklichen Wunsch.

AHA-INFOS

Exkurs: Man unterscheidet zwischen einfachem und qualifiziertem Arbeitszeugnis:

- Das **einfache Arbeitszeugnis** beinhaltet Angaben zu Ihren Personalien und die Art und Dauer der Beschäftigung. Damit belegen Sie Ihren Einsatz beim Arbeitgeber.
- Das **qualifizierte Arbeitszeugnis** beinhaltet darüber hinaus detaillierte Angaben zu Ihren Aufgabenbereichen und eine Beurteilung Ihrer Leistung und dem Verhalten. Arbeitnehmer haben bei dem Ausscheiden aus einem Arbeitsverhältnis das Recht auf ein qualifiziertes Arbeitszeugnis. Sie sollten dies immer beim Austritt verlangen, denn ein Zeugnis ohne Angaben über Ihre Leistungen legt immer den Verdacht nahe, dass sie nicht gut waren.
- **Achtung!** Drei Jahre nach dem Ende des Arbeitsverhältnisses tritt eine Verjährungsfrist in Kraft und ab dann sind Sie auf die Kulanz Ihres ehemaligen Arbeitgebers angewiesen – es besteht kein Anspruch mehr auf ein Arbeitszeugnis.
- **Achtung!** Auch auf die erlaubten Angaben und Formulierungen in Arbeitszeugnissen hat das Allgemeine Gleichbehandlungsgesetz Einfluss. Da dieses Dokument ein wichtiger Teil einer Bewerbung ist, darf es keinerlei Ansätze für Diskriminierung bieten. Aus dem Grund dürfen Angaben über Geburtsdatum und -ort oder Anschrift nur mit ausdrücklicher Genehmigung durch den Arbeitnehmer erfolgen.

Der Versand Ihrer Bewerbung

A. Eggert, *Ab 40 bewirbt man sich anders,*
DOI 10.1007/978-3-642-41171-7_10, © Springer-Verlag Berlin Heidelberg 2015

10.1 Die Bewerbung auf dem traditionellen Postweg

DO IT!

Die Verpackung und der optische Eindruck Ihrer Bewerbungsunterlagen vermitteln direkt den Eindruck von Qualität. Bitte nehmen Sie noch eine letzte Überprüfung vor.

- Sie haben eine seriöse Bewerbungsmappe mit dem Aufdruck »Bewerbung«
- Sie haben keine Klarsichthüllen für die einzelnen Blätter verwendet
- Alle Blätter sind neu aus einem Druck (sauber und knitterfrei)
- Alle Unterlagen sind geordnet in der Reihenfolge: Anschreiben (evtl. Deckblatt), Lebenslauf (evtl. 3. Seite/Skill-Profil), weitere Anlagen in der Reihenfolge des Lebenslaufs
- Anschreiben und Lebenslauf sind Korrektur gelesen und mit aktuellen Ansprechpersonen, Adressen, Betreff und Datum versehen
- Sie haben Anschreiben und Lebenslauf mit Tinte unterschrieben
- Versenden Sie den Umschlag auf dem normalen Postweg (kein Einschreiben)

10.2 Die zeitgemäße Online-Bewerbung

Die Ansprüche an elektronische Bewerbungen steigen momentan an. Waren früher Bewerbungen per E-Mail einfach eine Verlagerung der Papier-Bewerbung in ein anderes Medium, so erwartet man heutzutage eine professionelle Anpassung der verwendeten Anwendungen.

Mit einer elektronischen Bewerbung können gerade über 40-Jährige sehr anschaulich Qualität demonstrieren, indem sie zum einen hochwertige Arbeitsinhalte darstellen, darüber hinaus aber auch ihre zeitgemäßen Fähigkeiten am PC untermauern.

Da mittlerweile Online-Bewerbungen ein gängiges Verfahren sind (ca. 60% der Unternehmen bevorzugen elektronische Bewerbungen), sollten Sie einige wichtige Kriterien kennen:

10.2.1 So wird Ihre Bewerbung per E-Mail zum Türöffner

- Versenden Sie Ihre Unterlagen über eine neutrale E-Mail-Adresse, die seriös Ihren Vor- und Zunamen beinhaltet. Sollten Sie eine solche momentan nicht haben, richten Sie eine extra für Bewerbungszwecke ein

- Verwenden Sie nur eine Adresse, auf die auch Antworten kommen dürfen. Hinweise innerhalb des Anschreibens, dass eine andere Adresse für die Korrespondenz gewählt werde soll, sind sinnlos, wenn automatisch generierte Zwischenbescheide per System an den Absender der Mail geschickt werden
- Im Betreff geben Sie nicht nur das Stichwort »Bewerbung« ein, sondern ergänzen es um Jobtitel und evtl. eine Kennziffer
- Obwohl der allgemeine Ton in E-Mails lockerer ist, gilt dies für Bewerbungen nicht. Die Anrede bleibt bei »Sehr geehrte/r …«. Bitte auch darauf achten, dass sich keine Tippfehler im Text versteckt haben, nicht einfach alles kleinschreiben und keine der ansonsten so beliebten Smileys oder Abkürzungen verwenden!
- Sollten Sie in einem festen Beschäftigungsverhältnis stehen, versenden Sie keine Bewerbungen während der Arbeitszeiten, sondern lieber in den Abendstunden oder am Wochenende. Ansonsten zieht man schnell Rückschlüsse, dass Sie nicht besonders engagiert bei der Arbeit sind und folgert sofort, dass Sie diese schlechte Angewohnheit mit an Ihren nächsten Arbeitsplatz nehmen
- Zur Sicherheit empfiehlt es sich, die E-Mail-Adresse erst ganz zum Schluss einzugeben, wenn Sie die Texte und Anhänge auf Richtigkeit überprüft haben. So kann die Mail nicht versehentlich zu früh losgeschickt werden

10.2.2 Keine Halbherzigkeiten bei standardisierten Bewerbungsformularen

Auch wenn diese Fragebögen oftmals ein absolutes Ärgernis sind und teilweise Ausfüllzeiten von bis zu einer Stunde erfordern, ist dies der Weg, den Ihr möglicher zukünftiger Arbeitgeber für Sie bereitgestellt hat. Die Entscheidung liegt bei Ihnen, ob Sie sich so sehr für die Stelle interessieren, dass Sie bereit sind, auch unprofessionelle Fragen in schlecht aufgebauten Formularen zu beantworten.

»**Ganz oder gar nicht**«: Wenn Sie sich allerdings dazu entscheiden, Ihre Zeit in die Beantwortung dieser Fragebögen zu investieren, sollten Sie mit äußerster Sorgfalt alle geforderten Angaben ausfüllen, denn sie stehen im direkten Vergleich mit anderen Bewerbern. Ein nur teilweise ausgefüllter Fragebogen verschwendet sicher Ihre Zeit, da er wenig Aussicht auf Erfolg hat. Darüber hinaus haben Sie sich dann schon einmal erfolglos in dem Unternehmen beworben, und dies verschließt Ihnen möglicherweise dort den Zugang für weitere Bewerbungen.

10.2.3 Anlagen bei Online-Bewerbungen: Machen Sie aus Elefanten Mücken!

Bei beiden Vorgehensweisen gilt: Zu große Anlagen sind ein Ärgernis für Personalabteilungen! Entweder hat ein Leser alle E-Mails vor sich und muss sie der Reihe nach am Bildschirm betrachten. Dies bedeutet bei 100 Bewerbungen, dass er mindestens 200–500 Anhänge öffnen muss. Oder er hat einen Mitarbeiter, der stundenlang alles öffnet und ausdruckt, um es in Papierform schneller lesen zu können. Dies bedeutet aber Kosten für das Unternehmen und eine erhöhte Umweltbelastung.

Nach der Devise »Weniger ist mehr«, sollte demnach Ihre Bewerbung eine ideale Größe von **1–1,5 Megabyte** haben; der maximale Umfang der versendeten Dateien darf jedoch insgesamt **3 Megabyte** nicht überschreiten!

Dieser Richtwert ist nicht nur als Höflichkeit zu betrachten, sondern kann rein technisch zu einem k. o. führen, denn im Extremfall erreicht Ihre Bewerbung gar nicht die adressierte Personalabteilung, wenn ihre Dateigröße ein bestimmtes Limit überschreitet. Die Ursache liegt in der teilweise sehr rigiden Begrenzung der Mail-Server von Unternehmen. Je nach Firmenpolitik sind gerade große Unternehmen oftmals sehr starr und haben ihre Grenzen auch deutlich unter der 5-MB-Schwelle eingerichtet. Kleinere Firmen hingegen sind da flexibler, aber gerade hier gilt: Wenn Ihr zukünftiger Vorgesetzter eine Mail mit 10 MB erhält, entwickelt er beim diesem ersten Kontakt keine positiven Gefühle!

Eine Beschränkung auf die allgemein akzeptierte Größenordnung erreichen Sie durch Beachtung folgender Hinweise:

- Versenden Sie Ihre Bewerbung als *eine* Datei. Bitte nicht mehrere Anlagen, da der Empfänger ansonsten mehrere Dateien speichern und verwalten muss. Es gibt freie Programme, um getrennte Dateien in eine einzige zusammenzuführen.
- Verwenden Sie übliche Dateiformate, in einer Personalabteilung wird man nicht lange nach einem Programm suchen, um Ihre Datei zu öffnen. Vermeiden Sie mit einem Packprogramm komprimierte (ZIP-Format) Dateien, die vor der Nutzung erst mit Programmen entpackt werden müssen.
- Idealerweise speichern und versenden Sie Ihre Dateien im PDF-Format. Sie können aus aktuellen MS-Word-Dokumenten und OpenOffice direkt PDF-Dateien erzeugen. Bei älteren MS-Word-Versionen ist dies über kostenlose Zusatz-Programme indirekt über einen virtuellen PDF-Drucker möglich. Diese Dateien sind problemlos lesbar, sie sind unveränderbar, nicht virenanfällig und lassen keine weiteren Einblicke über das Dokument zu. Außerdem wird es Ihnen so angezeigt, wie es später auch andere sehen und wie es gedruckt wird. Idealerweise packen Sie alle Anlagen in eine einzige PDF-Datei. Das ist dann aus der Sicht des Lesers sehr benutzerfreundlich.

- Wenn Sie nicht gerade ein Profi mit professioneller Ausrüstung sind, sollten Sie es möglichst vermeiden, selbst Ihr Passbild zu scannen. Gute Qualität erhalten Sie nur, wenn Sie das digitale Foto vom Fotografen (er kann es Ihnen auf CD-ROM mitliefern oder per E-Mail zusenden) verwenden. Da dieses mit mind. 2 MB jedoch noch zu groß ist, skalieren Sie es auch herunter und fügen es in das Dokument Lebenslauf oder in ein Deckblatt ein.
- Scannen Sie Ihre Unterschrift und fügen Sie diese in das Anschreiben ein.
- Das Anschreiben bitte nicht nochmals als Anlage einfügen, da diese Wiederholung unnötigen Speicherplatz belegt.
- Bitte beschränken Sie sich auf die letzten Arbeitgeberzeugnisse (mit hoher Auflösung scannen und dann per Programm herunterskalieren, in Word einfügen).
- Beschriften Sie Anlagen mit Ihrem Namen und dem Inhalt (Lebenslauf Mustermann), damit sie bei eventuellem Ausdruck eindeutig zugeordnet werden können.

Im Regelfall erhalten Sie innerhalb weniger Stunden (elektronische Bewerbung) oder Tage (Postweg) von dem angeschriebenen Unternehmen einen Zwischenbescheid über den Eingang Ihrer Unterlagen, zumeist mit der Bitte um etwas Geduld, da der Entscheidungsprozess einige Zeit in Anspruch nehmen wird. Sollten Sie nicht wirklich unter Zeitdruck stehen, lassen Sie den Dingen ihren Lauf. Die Auswahlprozesse in Unternehmen sind oftmals durch interne Unternehmenspolitik, Urlaub oder Krankheit von Mitarbeitern, andere Prioritäten der täglichen Arbeit oder umständliche organisatorische Wege behindert. Als erfahrener Profi wissen Sie dies und sind verständnisvoll geduldig!

Da aber nicht alle Arbeitgeber über ein professionelles Bewerbungsmanagement verfügen, erhalten Sie nicht immer eine Bestätigung über den Eingang Ihrer Bewerbungsunterlagen. In diesen Fällen können und sollten Sie nach ca. 14 Tagen telefonisch nachfragen, ob sie denn vorliegen und wie der Stand Ihrer Bewerbung ist.

Zusammenfassung

DO IT!

Der Versand von E-Mail-Bewerbungen ist nicht einfach eine Übertragung traditioneller Bewerbungen in ein anderes Medium. Heutzutage werden höhere Ansprüche an den angemessenen Umgang mit elektronischen Bewerbungen gestellt. Speziell dem Thema Dateigröße und dem empfängerfreundlichen Versenden der Dateien sollten Sie besondere Aufmerksamkeit schenken.

Das Telefoninterview

A. Eggert, *Ab 40 bewirbt man sich anders*,
DOI 10.1007/978-3-642-41171-7_11, © Springer-Verlag Berlin Heidelberg 2015

AHA-INFOS

Sie haben also Ihre Unterlagen verschickt und nach einem Zwischenbescheid warten Sie auf eine weitere Reaktion des Unternehmens. Dann liegt ein Brief in Ihrer Post (nicht der dicke Umschlag mit den Unterlagen) und darin finden Sie nicht die erwartete Einladung zum Bewerbungsgespräch, sondern eine Einladung zum Telefoninterview. Was ist davon zu halten?

Dies ist ein gutes Zeichen, denn nun sind Sie in der engeren Auswahl!

Viele Unternehmen haben aus den wirtschaftlich schwierigen Zeiten die Erfahrung mitgenommen, dass sich in vielen Prozessen Kosten reduzieren lassen und übertragen diese Optimierungen nun auch in die Phase des Aufschwungs.

An einem persönlichen Einstellungsgespräch nehmen ab einer gewissen Unternehmensgröße zumeist ein Mitarbeiter aus der Personalabteilung und der Vorgesetzte aus der Fachabteilung teil. Manchmal stellt sich bereits in den ersten Minuten des Gesprächs heraus, dass der Bewerber ungeeignet ist, aber aus Respekt vor der Person und um die Zeit zur positiven Unternehmensdarstellung zu nutzen, wird das Gespräch weitergeführt. Aus wirtschaftlicher Sicht bedeutet dies jedoch die Bindung von zwei Mitarbeitern des Unternehmens für mindestens eine Stunde oder länger. Summiert man die internen Kosten für ein Gespräch plus die Spesen für die Anreise des Bewerbers, kommt man schnell auf 1.000 € pro Einladung.

Manche Unternehmen schalten Telefoninterviews für alle infrage kommenden Kandidaten als Hürde vor, andere stecken nur bei »Wackelkandidaten« nochmals den Rahmen ab. Teilweise übergeben Unternehmen diese Vorgespräche auch externen Personalberatern, um anschließend von ihnen standardisierte Profile überreicht zu bekommen und dann selbst nur noch mit einer Handvoll Bewerbern in persönliche Gespräche zu gehen.

Mittels Telefoninterview will man Ihre grundsätzliche Eignung für die ausgeschriebene Stelle besser vorab einschätzen. Innerhalb von ca. 20–30 Minuten wird mithilfe eines standardisierten Fragebogens Ihre berufliche Eignung, oder ob Sie wirkliches Interesse an der Stelle haben, erfragt.

Telefoninterviews können in einem Schreiben oder Telefonat terminlich vereinbart werden oder Sie werden unangemeldet angerufen.

11.1 Unangemeldete Interviews

Stellen Sie sich folgende Situation vor: Sie fahren gerade mit zankenden Kindern und bellendem Hund im Auto auf der Suche nach einem Parkplatz durch die Stadt, und Ihr möglicherweise neuer Arbeitgeber ruft bei Ihnen auf dem Handy an. Er sitzt im ruhigen Büro mit Ihrem Lebenslauf vor sich und kann sich gut konzentrieren. Nun fragt er, ob er sich »ganz kurz mit Ihnen unterhalten kann« und beginnt, Ihnen Fragen zu stellen, was Sie zum Wechseln von X nach Y bewogen hat und wie genau Ihre jetzige Tätigkeit aussieht oder welche Projekterfahrung Sie haben.

Wie verhalten Sie sich? Bitte bedenken Sie, dass Sie an Ihrem ersten Eindruck von Professionalität und Qualität keine vorschnellen Kratzer zulassen wollen. Ist das möglich in einem Telefonat mit einem solchen Ungleichgewicht der Konzentrationen? Wohl kaum!

Demnach gilt Folgendes: Haben Sie beim Eintreffen eines unangekündigten Telefonats nicht die Möglichkeit, innerhalb kürzester Zeit an Ihren Schreibtisch mit den Bewerbungsunterlagen zu gelangen, bitten Sie um eine Verschiebung des Gesprächs. So können Sie souverän und in der Sache konzentriert auftreten. Bitte unterschätzen Sie diese Telefonate nicht!

DO IT!

11.2 Einladung zum Telefoninterview

Sie erhalten hier wieder eine Chance, durch gute Hintergrundarbeit alle Ihre Vorzüge ins rechte Licht zu rücken. Ein konkreter Termin bedeutet für Sie also eine umso intensivere Vorbereitung:

- Sorgen Sie dafür, dass Sie alleine in einem ruhigen Zimmer telefonieren können.
- Sie haben eine gute Telefonverbindung mit vollem Akku (kein Handy).
- Sie sind vorbereitet mit Ausdrucken über das Unternehmen, die Stellenausschreibung und Ihre Bewerbungsunterlagen.
- Legen Sie einen Notizblock mit Stift bereit.
- Notieren Sie den Namen des Ansprechpartners, um ihn damit direkt ansprechen zu können. Schauen Sie in die sozialen Netzwerke, ob Sie ihn finden und so möglicherweise ein Bild von ihm vor sich haben – das nimmt oftmals die Befangenheit.
- Sie haben einige Notizen vorbereitet, z. B. über Erläuterungen zu Lücken in Ihrem Lebenslauf und wichtige Eckdaten.
- Bereiten Sie einige Fragen vor, die Sie zum Unternehmen oder der Position interessieren.
- Stellen Sie selber keine Fragen zum Gehalt oder anderen Rahmenbedingungen, sondern überlassen Sie diese dem Interviewer. Da dieses Telefonat sehr häufig zum Abstecken der Gehaltsdaten und anderer Fakten, wie Arbeitsstunden (bei Teilzeit) genutzt wird, seien Sie vorbereitet auf diese Fragen.
- Durch das Telefonat erfährt Ihr Gesprächspartner sehr viel über Ihre Kommunikationsfähigkeit, da er nicht durch Sichtkontakt abgelenkt ist. Beachten Sie genauestens die Regeln der Höflichkeit, indem Sie ihn immer ausreden lassen, direkt auf Fragen antworten und Verbindlichkeit zeigen. Darüber hinaus sprechen Sie deutlich, in angemessenem Tempo und Lautstärke.
- In Trainings zu professionellem Telefonieren lernt man, dass auch die Haltung am Telefon »auf der anderen Seite ankommt«. Wenn Sie also aufrecht am Schreibtisch sitzen, lächeln und in die

Unterlagen schauen, kommt etwas anderes mit rüber, als wenn Sie rauchend auf dem Sofa liegen und missmutig die Tapete betrachten.
- Bedanken Sie sich am Ende für das Gespräch.
- Anschließend fassen Sie die wichtigsten Fakten in einigen Notizen zusammen.

In einem Telefoninterview erhalten Sie keinerlei Rückmeldung über Ihre Eignung. Da hier nur Ihre Aussagen der Bewerbung nochmals vertieft werden und weitere notwendige Angaben zur Entscheidungsfindung abgefragt werden, ist dies auch nicht der Zeitpunkt für Small Talk oder Verhandlungen.

Es bietet Ihnen aber einen neuen Grund für einen weiteren Kontakt mit den Verantwortlichen. In Anknüpfung an das Gespräch sollten Sie sich umgehend per E-Mail nochmals dafür bedanken und eventuell besonders passende Themen aufgreifen.

DO IT!

Zusammenfassung
- Aus wirtschaftlichen Gründen und zur Aufwandsminimierung werden im Einstellungsprozess gerne Telefoninterviews eingesetzt.
- Bei unangemeldeten Telefonaten dürfen Sie ruhig um einen späteren Rückruf bitten, falls Ihre momentane Situation nicht Ihre volle Konzentration ermöglicht.
- Für vereinbarte Telefontermine ist eine gründliche Vorbereitung Ihr Erfolgsrezept.

Ihr guter Auftritt im Bewerbungsgespräch

A. Eggert, *Ab 40 bewirbt man sich anders*,
DOI 10.1007/978-3-642-41171-7_12,

DO IT!

Die Einladung zum persönlichen Gespräch bedeutet, dass Sie nun wirklich in dem Kreis der sehr interessanten Kandidaten angekommen sind. Nun geht es darum, sich möglichst gut darauf einzustellen.

12.1 Eine gründliche Vorbereitung ist Voraussetzung

In Vorstellungsgesprächen erleben es Arbeitgeber immer wieder, dass auf die Frage hin »Was wissen Sie denn über unser Unternehmen?« ein hilfloser Blick und ein verlegenes Lächeln des Bewerbers als Reaktion erscheinen.

Unwissenheit über den zukünftigen Arbeitgeber ist ein absolutes Desaster, welches nicht einmal bei einem Schulabgänger akzeptabel ist!

- Wie wollen Sie denn glaubhaft darstellen, warum Sie sich gerade bei dem Unternehmen beworben haben, wenn Sie es gar nicht kennen?
- Wenigstens Sie als Bewerber sollte mit der Überzeugung ins Gespräch kommen, dass Sie für das Umfeld geeignet sind und das geht nur, wenn Sie es auch kennen.
- Im Gespräch herrscht anfangs ein enormes Ungleichgewicht: Ihr gut vorbereiteter Gegenüber kennt alle Ihre Angaben aus der Bewerbung über Sie, und Ihnen liegen kaum Informationen über ihn vor. Da sollten Sie wenigstens das Umfeld so gut wie möglich kennen, um annähernd auf gleicher Höhe kommunizieren zu können.
- Sie sind ein Bewerber ab 40 mit einem professionellen Auftreten, und dazu gehört einfach die Demonstration von Souveränität durch Wissen.

12

■ **Wie kommen Sie an Informationen über das Unternehmen?**

- Heutzutage geht der erste Blick immer auf die Homepage des Unternehmens im Internet.
- In Suchmaschinen finden Sie Veröffentlichungen über das Unternehmen.
- In Job-Börsen sind teilweise Unternehmensprofile hinterlegt.
- Über News-Suchen erhalten Sie aktuelle Informationen.
- In der regionalen Presse/Tageszeitung wird allgemein Interessantes über das Unternehmen berichtet.
- Auch die Werbung liefert Informatives.
- Große Unternehmen haben Abteilungen zur Öffentlichkeitsarbeit, hier kann man nach Informationsmaterial fragen.
- Geschäftsberichte/Bilanzen
- Wenn es sich um ein öffentlich zugängliches Gebäude (Bank, Geschäft) handelt, gehen Sie ruhig vorher mal hinein.
- Industrie- und Handelskammern.

- **Wie kommen Sie an Informationen über den Gesprächspartner?**
  - Geben Sie den Namen in Suchmaschinen ein.
  - Surfen Sie in den Sozialen Netzwerken.

- **Welche Informationen sind interessant?**
  - Wie ist die Historie des Unternehmens?
  - Wie sieht die momentane wirtschaftliche Situation und Entwicklung aus?
  - Welche Geschäftsfelder gibt es? Welches ist das Kerngeschäft?
  - Wer sind die Wettbewerber des Unternehmens?
  - Ist das Unternehmen an einen Tarifvertrag gebunden?
  - Wie viele Mitarbeiter hat das Unternehmen und wie ist der Organisationsaufbau?
  - Welche Unternehmensziele verfolgt das Unternehmen?
  - Wie sieht die Unternehmensphilosophie aus?
  - Welcher Umgangston herrscht im Unternehmen?
  - Welche Standorte hat das Unternehmen und wie sind diese für Sie erreichbar?

- **Welche Vorteile bringt Ihnen eine fundierte Vorbereitung?**
  - Sie zeigen weiterhin Ihre Qualität als erfahrener Gesprächspartner.
  - Ihr Gespräch kann sich auf einem höheren und damit für beide Seiten interessanteren Niveau bewegen.
  - Sie vermitteln den Eindruck von echtem Interesse und Verständnis.
  - Sie sind in der Lage ca. zwei Minuten frei über das Unternehmen sprechen zu können.
  - Ihre Nervosität vor dem Termin wird drastisch abgebaut, und Sie können deutlich sicherer in das Gespräch gehen.
  - Sie können sich auf den Umgangston des Unternehmens einstellen.
  - Sie erhalten eine Orientierung zur Wahl Ihrer Kleidung.
  - Sie kennen die Fakten zu Anfahrt und Parksituation, um organisatorisch Ihren Termin optimal zu planen.
  - Sie können gehaltliche Rahmenbedingungen vorab ausloten.

12.2 Senden Sie die richtigen Signale mit Ihrer Kleidung

Wie bereits bei dem ersten Eindruck über die Passbilder, gilt auch bei der Kleidung für das Bewerbungsgespräch, dass diese sich an die äußeren Umstände anpassen sollte.

Bitte verkleiden Sie sich nicht, sondern passen Sie sich nur in dem für Sie akzeptablen Rahmen an Ihr Umfeld an. Sie sollten sich immer in Ihrer Kleidung wohlfühlen, denn sie ist Ausdruck Ihrer Persönlichkeit. Und mit 40 haben wir alle bereits unseren Stil gefunden, der zu uns passt.

Es ist selbstverständlich, dass die Kleidung sauber und gepflegt ist. Frauen tragen keine aufreizenden Kleidungsstücke. Je nach Branche wählen Sie die eher konservativeren oder die kreativeren Kleidungsstücke aus Ihrem Kleiderschrank. Normalerweise kennt man ja sein Business und die Gepflogenheiten und hat sich selbst schon jahrelang sicher darin bewegt. Sollten Sie aber bei einem speziellen Arbeitgeber ratlos sein, empfiehlt sich eine kleine Mittagspause in der Nähe des Eingangsbereichs des Unternehmens. Die Kleidung der Mitarbeiter sagt Ihnen sofort, was man in diesem Umfeld für »normal« erachtet.

Ich gebe jedem recht, der sagt, dass die Kleidung ein sehr oberflächlicher Eindruck für eine berufliche Eignung ist. Aber: Wenn Sie zur Tür hereinkommen wird man sich ein erstes Gesamtbild von Ihnen verschaffen und die Weisheit

»Für den ersten Eindruck bekommt man keine zweite Chance!«

AHA-INFOS

wird voll auf diese Situation zutreffen. Darum bitte ich Sie, das Thema Kleidung nicht zu unterschätzen.

Da wir Menschen immer dazu neigen, Gruppierungen zu bilden und diese optisch auch gerne abgrenzen, kommt dem Thema Kleidung eine wichtige Signalwirkung zu. Die Mitarbeiter eines Unternehmens stellen eine Gruppierung dar, und sie verbindet meist eine gewisse Kleidungskultur. Diese kann sich im Extremfall durch Uniformen, durch sehr konservative »Businesskleidung« oder bewusst kreative Kleidung, aber auch durch eine demonstrative Abkehr von diesen Normen ausdrücken.

Tragen Sie also Kleidung, die der Gruppe, der Sie beitreten wollen, ähnlich ist, erreichen Sie damit eine höhere Akzeptanz. Selbst wenn das Urteil »der/die passt zu uns« aus dieser unbewussten und oberflächlichen Einschätzung stammt, so ist es doch ein wichtiger erster Schritt zu Ihrer Anstellung.

Da Schmuck und Frisur ein Teil Ihres optischen Eindrucks sind, sollten beide ins Gesamtbild passen.

Tipp: Sollten Sie mehrere Bewerbungsgespräche in einem Unternehmen führen, empfiehlt es sich, nicht immer im gleichen Outfit zu erscheinen. Da speziell Männer oftmals nicht mehr genau wissen, welche Krawatte sie bei dem ersten Gespräch getragen haben, ist es eine wunderbare Gedächtnisstütze, einfach vor dem Gespräch mit dem Smartphone oder Digitalcamera ein kleines »Selfie« (Selbstporträt) zu erstellen. Dies mit Datum und Namen des Unternehmens gespeichert ist eine unkomplizierte Dokumentation, die sich vor der Entscheidung über die nächste Kleiderwahl abrufen läßt.

12.3 Organisieren Sie Ihre Anreise im Detail

■ Zeitplanung

DO IT!

Ein verspätetes Eintreffen zum Bewerbungsgespräch ist inakzeptabel. Da heute fast alle Jobs in irgendeiner Form durch Pünktlichkeit und Organisationsvermögen geprägt sind, wird diese Eigenschaft sehr genau betrachtet. Argumente wie »ich habe die Adresse nicht gleich gefunden« oder »keinen Parkplatz bekommen« sind in der heutigen Zeit der Navigationsgeräte nur peinliche Ausreden. Auch wenn der Termin ganz unspektakulär in der näheren Umgebung stattfindet, sollten Sie sich selbstverständlich über die Anreisemöglichkeiten und die Parkplatzsituation informieren und ein ausreichend großes Zeitpolster einplanen.

Berücksichtigen Sie bitte auch Folgendes: Gerade innerhalb größerer Unternehmen können die Wege nochmals weit sein und Sie wollen pünktlich vor einer bestimmten Zimmertür stehen und nicht zum verabredeten Termin erst am Werkstor sein.

■ Bewerbungskosten

AHA-INFOS

Nach § 670 Bürgerliches Gesetzbuch gilt: »Macht der Beauftragte zum Zwecke der Ausführung des Auftrags Aufwendungen, die er den Umständen nach für erforderlich halten darf, so ist der Auftraggeber zum Ersatz verpflichtet.«

Dies bedeutet, dass der Arbeitgeber (Auftraggeber) die Kosten für Ihre (Beauftragte) Aufwendungen im Rahmen des Vorstellungsgesprächs trägt, wenn er Sie dazu eingeladen hat. Üblich und allgemein anerkannt ist die Erstattung der Fahrtkosten. Bei der Anreise mit dem PKW können Sie die Kosten entsprechend der steuerlichen Pauschalen abrechnen, bei Bahnfahrten den Fahrpreis der zweiten Klasse. Bei größeren Entfernungen anfallende Flugreisen und Übernachtungen sollten Sie jeweils im Vorfeld mit dem Arbeitgeber abklären.

Manche Unternehmen nutzen das Hintertürchen »… wenn nichts anderes vereinbart ist …«. Sie informieren Sie im Vorfeld, dass die Kosten für das Vorstellungsgespräch nicht übernommen werden und sind somit auch aus der Verpflichtung heraus.

Sollten Sie zu diesem Zeitpunkt als Arbeit suchend gemeldet sein, übernimmt die Arbeitsagentur die Kosten, wenn Sie dies vor dem Gespräch beantragen und das Einladungsschreiben des Unternehmens mit der Information, dass keine Kostenübernahme erfolgen wird, vorlegen.

12.4 Die Struktur des Bewerbungsgesprächs

AHA-INFOS

Personaler und Führungskräfte lernen in Seminaren über die Gesprächsführung bei Bewerbungsinterviews, dass sie 90% der Gesprächsanteile dem Bewerber überlassen sollten und nur 10% der Anteile für sie selbst reserviert sind. Realistisch dürfte ein Verhältnis von 70% zu 30% sein. Aber Sie werden in Vorstellungsgesprächen immer auch auf solche Partner treffen, die so gerne über sich selbst erzählen, dass sie über die Hälfte der Gesprächsanteile in Beschlag nehmen. Ich habe es schon miterlebt, dass ein Abteilungsleiter einer attraktiven Kandidatin das gesamte Gespräch über von sich, seiner Abteilung und der Stelle erzählt hat. Die Dame saß lächelnd auf ihrem Stuhl und sagte zu allem »Jaja« und »genau das sehe ich auch so …«. Nach dem Gespräch meinte der Abteilungsleiter ganz begeistert »Die Bewerberin passt gut, und was sie alles weiß, das passt genau, die stellen wir ein!«

Dieses Beispiel zeigt, dass Ihnen gegenüber immer auch nur Menschen sitzen, die manchmal mehr und manchmal weniger professionell auftreten. Dementsprechend sind die gefällten Urteile auch nicht immer objektiv »richtig«, sondern lediglich der Ausdruck, wie Sie in der Bewerbungssituation subjektiv von einem Verantwortlichen eingeschätzt wurden. Je mehr Beurteiler Ihnen gegenübersitzen, umso größer sind demnach die Chancen einer annähernd objektiven Meinungsbildung. Aus diesem Grund sollten Sie nicht erschrocken reagieren, wenn mehr als eine Person Ihr Gesprächspartner ist, sondern dies als Ihren Vorteil für eine zutreffendere Beurteilung werten.

Bewerbungsgespräche verlaufen im Allgemeinen nach einer festen Struktur. Nach der Begrüßung leitet ein wenig Small Talk mit oberflächlichen Fragen wie »Haben Sie uns denn gut gefunden?«, »Wie war die Anreise?«, »Trinken Sie eine Tasse Kaffee mit uns?« das Gespräch ein.

Anschließend stellen sich Ihnen Ihre Gesprächspartner mit Namen, Titel und Funktion im Unternehmen vor. Manche beschreiben dies in kurzen, knappen Worten, andere schildern ihren gesamten beruflichen Werdegang.

Darauffolgend stellen Ihre Gesprächspartner ihre fachlichen und persönlichen Kernfragen zur Einschätzung Ihrer Eignung.

Wenn der Personaler oder Fachverantwortliche alle seine Punkte mit Ihnen durchgegangen ist, kommt er in der Regel mit der Gegenfrage »Welche Fragen haben Sie denn an uns?« zum Ende des Gesprächs.

Ganz zum Schluss wird man Ihnen als Perspektive einen Zeitraum nennen, bis wann man wieder auf Sie zukommen wird. Hier werden Sie auch erfahren, ob ein zweites Gespräch grundsätzlich geplant ist, ob es sehr viele Bewerber gibt und ob noch viele Gespräche mit anderen Kandidaten geführt werden.

12.5 Die Fragen im Bewerbungsgespräch

DO IT!

In diesem Abschnitt geht es nicht darum, Fragen kennenzulernen und darauf richtige Antworten auswendig zu lernen. Denn es gibt nicht »die eine richtige« Antwort. Allerdings gibt es viele ungünstige

Antworten, die man unüberlegt von sich gibt, und die dann bei einer weiteren Interpretation zu Ablehnung führen können.

Es ist für Sie vorteilhaft, eine möglichst große Anzahl typischer Fragestellungen und die Wirkungsweise der möglichen Antworten kennenzulernen, um ein Gespür für positives Gesprächsverhalten zu entwickeln. Da Personaler einen relativ geringen Spielraum für Kreativität bei den Fragestellungen nutzen, reduzieren sich die gestellten Fragen auf eine begrenzte Anzahl. So können Sie im Allgemeinen davon ausgehen, dass zwei bis drei der vorbereiteten Fragen tatsächlich gestellt werden, aber darüber hinaus gehende Fragen werden Sie mit einem Grundverständnis auch so souverän beantworten können.

Im Gesprächsverhalten bleiben Sie bitte Sie selbst. Es ist nicht erforderlich, sich übermäßig gestelzt auszudrücken oder Schriftsprache zu sprechen. Abgesehen davon, dass dies viel eher zu Situationen hilfloser Sprachlosigkeit führt, können Sie viel überzeugender sein, wenn Sie sich in Ihrer normalen Ausdrucksweise mitteilen.

Im Folgenden werden typische Fragestellungen aufgeführt:

Fragen zum Unternehmen

- Haben Sie unser Unternehmen denn schon vor der Bewerbung gekannt?
- Was wissen Sie über unser Unternehmen?
- Kennen Sie unsere Produkte/Dienstleistungen?
- Wofür steht unser Unternehmen/Abteilung?
- Was ist das Alleinstellungsmerkmal unseres Unternehmens?
- Kennen Sie unseren heutigen Aktienkurs?
- Kennen Sie die Größenordnung unseres Unternehmens?
- Kennen Sie den Markt, in dem sich unser Unternehmen bewegt?
- Kennen Sie die Branche?
- Sind Sie vertraut mit der Historie unseres Unternehmens?
- Was unterscheidet uns von anderen Unternehmen?

Bei Antworten auf diese oder ähnliche Fragen sollten Sie deutlich durchscheinen lassen, dass und auf welchem Wege Sie sich Informationen beschafft haben. Also:

- Nach intensivem Studium Ihres Internet-Auftritts …
- Wie ich seit Jahren in der Wirtschaftszeitung verfolge …
- Durch Mitarbeiter Ihres Hauses weiß ich …
- Die Durchsicht Ihrer Karriere-Seiten zeigte mir …

Fragen zur Bewerbungsmotivation

- Warum streben Sie einen neuen Arbeitsplatz an?
- Warum wollen Sie gerade jetzt Ihren Arbeitsplatz wechseln?
- Warum haben Sie sich gerade bei uns beworben?

- Welche Kriterien sind für Sie bei der Auswahl des zukünftigen Arbeitgebers relevant?
- Bewerben Sie sich in allen Branchen?
- Warum wollen Sie Ihren jetzigen Arbeitgeber verlassen?
- Bewerben Sie sich gerade auch bei anderen Unternehmen?

Diese Fragestellung sollten Sie unbedingt rein positiv beantworten, indem Sie von Ihren Zielen berichten und dabei grundsätzliche Wertschätzung gegenüber Ihrem jetzigen Unternehmen zum Ausdruck bringen. Das Gewicht Ihrer Antwort sollte hauptsächlich auf Ihnen und Ihren Vorstellungen liegen mit dem Tenor: »Es ist alles o. k., was Sie gerade machen, aber Sie wollen sich noch weiter verbessern und haben da genaue Vorstellungen«.

Laufen Sie bitte nicht in die naheliegende Falle, Kritisches über den jetzigen Arbeitgeber oder Kollegen oder die Arbeitssituation zu äußern. Es geht in dieser Frage zum einen darum herauszuhören, wie respektvoll und loyal Sie Arbeitgebern gegenüber allgemein sind (sind Sie es Ihrem jetzigen Unternehmen gegenüber nicht, dann werden Sie es wahrscheinlich auch auf Dauer dem neuen gegenüber nicht sein), zum anderen will keine Firma »problematische« neue Mitarbeiter einstellen. Wenn Sie sich also an dieser Stelle ausgiebig über Chaos bei der Arbeit und furchtbare Kollegen beschweren, fällt dies sicherlich negativ auf Sie zurück, denn es entsteht der Eindruck, »Wo ich jetzt bin, ist alles Mist, Hauptsache weg da«.

Mögliche **Antworten** könnten konkret so aussehen:

- Ich habe nun drei Jahre lang meine Tätigkeit bei meinem Arbeitgeber, den ich sehr schätze, ausgeführt und möchte diese Erfahrungen noch einmal in einem neuen Umfeld einbringen, wo ich mich weiterentwickeln kann.
- Ich halte seit einiger Zeit die Augen offen und bewerbe mich gerade jetzt, weil ich Ihre ansprechende Stellenausschreibung gelesen habe, die für mich genau die gewünschte Weiterentwicklung bedeuten würde, die ich mir für die nächste Zeit vorgestellt habe.
- Es geht mir nicht darum, meinen Arbeitgeber zu verlassen, sondern da ich für mich persönlich eine Erweiterung des Horizonts/Aufgabengebiets anstrebe, plane ich dies über herausfordernde Aufgaben in einem neuen Arbeitsverhältnis.
- Ja, ich führe momentan einige Gespräche zur Orientierung, allerdings ist Ihre beschriebene Stelle aktuell die Interessanteste für mich, weil sie folgende Kriterien … erfüllt.
- Ich bewerbe mich momentan nur bei Unternehmen aus unserer Branche, weil ich hier das beste Fach-Know-how mitbringe …
- Ich bewerbe mich nur bei mittelständischen Unternehmen, weil …
- Ich bewerbe mich nur in großen Unternehmen, weil …
- Für mich ist v. a. wichtig, dass mein neuer Arbeitgeber gute Kundenbeziehungen pflegt.

Allgemeine Fragen zur Person

- Bitte erzählen Sie uns etwas über sich.
- Könnten Sie uns bitte Ihren Lebenslauf kurz schildern?
- Wie würden Sie/Ihre Freunde Sie als Menschen beschreiben?
- Welche Stärken zeichnen Sie aus?
- Welches sind Ihre Schwächen?
- Welche positiven Charaktereigenschaften fehlen Ihnen?
- Was motiviert Sie?
- Wie gehen Sie mit Stress/Kritik um?
- Was würden Sie in Ihrem bisherigen Leben anders machen, wenn Sie es ändern könnten?
- Mit welchen drei Wörtern würden Sie sich beschreiben?
- Welche Menschen haben Sie besonders geprägt?
- Welche Situationen haben Sie besonders geprägt?
- Was war Ihre bisher schwierigste Entscheidung/Situation?
- Was war Ihr bisher größter Erfolg?

Speziell bei der Frage nach dem Lebenslauf sollten Sie niemals versuchen, sich durch die genauen Jahreszahlen »zu hangeln« und auswendig das Niedergeschriebene erzählen. Da es kaum möglich ist, alle Zeitangaben korrekt im Kopf zu haben, bieten Bewerber hier eine immer wiederkehrende Stolperpartie, die kein Gesprächspartner hören möchte.

Viel wichtiger ist es, die relevanten Stationen und daraus den für den neuen Job ausschlaggebenden Aspekt zu beschreiben. Lassen Sie den roten Faden nicht aus den Augen und werden Sie nicht zu ausschweifend. Besser ist eine Beschreibung in der Art:

Nach dem Schulabschluss war es für mich zunächst wichtig, praktische Erfahrung zu sammeln, das konnte ich bei … tun. Anschließend suchte ich die Möglichkeit einer Spezialisierung in dem Bereich …, wodurch ich zu der Firma … kam. Von dort wechselte ich das Unternehmen …, weil ich dort die Gelegenheit hatte, mehr Verantwortung im Bereich … zu übernehmen …

Die typischen Fragen nach Stärken können Sie wahrheitsgemäß beantworten.

Bei der Erkundigung nach Schwächen sollten Sie gerüstet sein. Wenn die Frage unvorbereitet kommt, reagieren Bewerber hilflos mit »weiß ich gerade keine« bis hin zu ehrlichen Antworten in der Art: »Pünktlichkeit ist nicht meine Stärke.« Beide Antworten sind ungünstig. Die erste, weil sie dem Gesprächspartner zeigt, dass Sie entweder sich selbst gegenüber unkritisch und insgesamt oberflächlich sind. Oder er erkennt, dass Sie sich nicht auf das Gespräch vorbereitet haben. Ein Berufsanfänger darf diese naive Einstellung zeigen, Sie jedoch nicht! Die zweite Antwort hat einfach zu weitreichende

Auswirkungen und bietet die Basis für Spekulationen zu weiteren Schwachpunkten (mangelnde Disziplin, falsche Prioritäten setzen, zu wenig Respekt vor Anderen …).

Ein vorbereiteter Bewerber kann eine der typischen »vermeintlichen Schwächen« aufzeigen, die im Arbeitsleben aus Sicht eines Arbeitgebers keine wirklichen Schwächen sind. Dies sind solche Eigenschaften wie Perfektionismus oder sich von einer Aufgabe nicht trennen zu können, ohne sie zufriedenstellend gelöst zu haben. Da dies häufig empfohlene Antworten auf diese Frage sind, wird Ihr Gegenüber nun wissen, dass Sie ihn mit seinen eigenen Waffen geschlagen haben. Dass diese Antwort nicht unbedingt der Wahrheit entspricht, ist offensichtlich, denn sie ist mittlerweile recht abgedroschen. Darüber hinaus weiß Ihr Gesprächspartner nun auch, dass er möglicherweise nicht immer die echte Wahrheit im Gespräch erhalten hat. Aus diesen Gründen ist es besser, eine wahre kleine persönliche Schwäche zuzugeben, die Sie in Ihrer Ausübung der Tätigkeit jedoch nicht behindert.

Fragen zu berufsbezogenen Eigenschaften und Erfahrungen

- Welche Tätigkeiten mögen Sie/nicht?
- Wie stehen Sie zu Routineaufgaben?
- Wie genau sieht Ihre jetzige Tätigkeit aus?
- Bitte schildern Sie einen typischen Tag in Ihrer jetzigen Aufgabe.
- Was motiviert Sie?
- Wo möchten Sie in fünf Jahren stehen?
- Wohin möchten Sie sich entwickeln?
- Wie belastbar sind Sie und in welchen Situationen konnten Sie Ihre Belastbarkeit zeigen?
- Wie wichtig ist für Sie Erfolg?
- Welche Tätigkeiten führen Sie lieber alleine aus, welche im Team?
- Wo sehen Sie die Grenzen von Teamarbeit?
- Wie viel Verantwortung übernehmen Sie gerne im Job?
- Wo sind die Grenzen der Verantwortung für Sie?
- Bitte beschreiben Sie Ihren Arbeitsstil.
- Wie sähe Ihr idealer Job aus?
- Wo sind Ihre Grenzen der Selbstständigkeit?
- Ab wann suchen Sie die Unterstützung des Vorgesetzten?
- Welche Führungskraft ist für Sie ein Vorbild? Und warum?
- Wie gut sind Sie mit Ihren Kollegen ausgekommen?
- Manchmal ruhen sich Teammitglieder auf den Leistungen der anderen aus. Haben Sie so etwas schon einmal erlebt und wie sind Sie damit umgegangen?
- Wie sieht ein ideales Team aus?
- Wie lösen Sie Konflikte?

- Was ist Ihr persönliches Motto?
- Was war Ihr bisher größter beruflicher Erfolg?
- Was schätzt Ihr jetziger Vorgesetzter an Ihnen?
- Was kritisiert Ihr jetziger Vorgesetzter an Ihnen?

Die Antworten auf diese Fragen sollten insgesamt zum Ausdruck bringen, dass Sie feste Ziele im Leben haben, auf welche Sie sich hinentwickeln wollen. Sie sollten als teamorientierter Mitarbeiter wirken, der gerne Verantwortung übernimmt, aber seine Grenzen kennt. Zur Vermittlung eines gereiften Selbstbilds sollten Sie zeigen, dass Sie sich über die genannten Themen auch schon selbst einmal Gedanken gemacht haben:

- Ich übernehme gerne Verantwortung, aber ich habe auch gelernt, dass man nicht immer alle Aspekte einer Situation kennt … und da ist es wichtig, weitere Partner mit in das Thema zu nehmen und gemeinsam die Verantwortung für den Erfolg zu übernehmen.
- In fünf Jahren möchte ich mich fachlich und auch persönlich weiterentwickelt haben.
- Mein Ziel ist eine weitere Entwicklung im fachlichen Spezialistentum.
- Mein Ziel ist die Übernahme von weiterer Verantwortung.
- Ich hoffe auf herausfordernde Aufgaben, um mich im Fachgebiet weiterentwickeln zu können.
- Mein Motto: »Lebenslang lernen, sich weiterentwickeln«.

Speziell auf die Stelle bezogene Fragen

- Warum sollen wir Sie auf die Position einstellen?
- Was macht Sie besonders geeignet für die Stelle?
- Was sind Ihrer Meinung nach die wichtigsten Eigenschaften einer Führungskraft?
- Was hebt Sie von Ihren Mitbewerbern ab?
- Warum sind gerade Sie der/die Richtige für die Stelle?
- Was reizt Sie an der neuen Stelle?
- Mit welchen Handwerkszeugen haben Sie bisher die Aufgabe bewältigt?
- Was unterscheidet diese Stelle von Ihrer alten Stelle?
- Worin liegt Ihr Gewinn bei der neuen Stelle?
- Was gefällt Ihnen nicht so gut an der besprochenen Stelle?
- Wie hoch sehen Sie den Deckungsgrad zwischen Ihrem Profil und den Stellenanforderungen?
- Würden Sie jedes Produkt verkaufen?
- Wie würden Sie die Aufgabe bei uns angehen?
- Planen Sie die ersten 30 Tage in unserem Unternehmen.

Speziell auf die Frage, warum man ausgerechnet Sie einstellen sollte, brauchen Sie nicht schlagfertig eine schnelle Antwort zu liefern, in der Art »weil ich der Beste bin« oder »weil sie keinen besseren Bewerber finden werden«, sondern Sie sollten lieber eine schlüssige, durchdachte Argumentation liefern. Greifen Sie die Anforderungen aus der Stellenbeschreibung auf und beschreiben Sie, was Sie jeweils zu bieten haben. Dazu führen Sie Ihre Erfahrung auf und welche weiteren Stärken Sie haben. So liefern Sie eine überzeugende Antwort als souveräner Bewerber.

Exotische Fragen

- Was würden Sie lieber fahren: einen Golf oder einen Käfer?
- Was für ein Auto fahren Sie?
- Was sind Ihre großen Lebensträume?
- Wie finden Sie meine Gesprächsführung?
- Verkaufen Sie mir bitte das Milchkännchen auf dem Tisch.
- Wie werden Sie sich fühlen, wenn wir Ihnen absagen?
- Wenn Sie einen Wunsch frei hätten, welchen würden Sie wählen?
- Wenn Sie ein Tier wären, welches wären Sie?
- Was würden Sie bei einem Lottogewinn tun?
- Welche drei Dinge würden Sie auf eine einsame Insel mitnehmen?

Diese Fragen sind lediglich als Denkanstöße für mögliche kreative Fragestellungen gedacht. Die Bandbreite zeigt deutlich, dass es eine unendliche Vielzahl von Möglichkeiten gibt.

Da es nicht immer gelingt, die verwendete Symbolik auf Anhieb zu interpretieren, sollten Sie in sich hineinhorchen und möglichst ehrlich antworten. Vermeiden Sie destruktive Antworten (beim Lottogewinn würde ich zuerst mal kündigen und meinem Chef so richtig die Meinung geigen) und wildes Spekulieren.

Wenn Sie Antworten geben, ohne zu wissen, wie diese interpretiert werden, liefern Sie einfach Ihre eigene Auslegung mit, umso Ihr Verständnis der Situation zu vermitteln. Also bei der Frage nach dem Tier beispielsweise: »Ich wäre ein Eichhörnchen, weil ich Informationen sammle, wie ein Eichhörnchen Nüsse …« oder »Ich wäre ein Wolf, weil ich mich am wohlsten in einem Rudel fühle« … Oder bei der Frage nach dem Auto sagen Sie »Ich hätte den Käfer, weil er für mich Individualität bedeutet …«

Fragen vom Bewerber

- »Welche Fragen haben Sie an uns?
- Bitte stellen Sie Ihre Fragen
- Welche Fragen sind für Sie noch offen geblieben?
- Haben Sie denn auch einige Fragen vorbereitet?

Oftmals hat man den Eindruck, dass diese Aufforderung für Bewerber überraschend kommt und dass dies der Höhepunkt der Schwierigkeit im Gesprächsverlauf ist. Erstaunlicherweise sind ca. ein Drittel der Bewerber nicht in der Lage, eine Frage zu ihrer späteren Tätigkeit zu stellen. Dabei könnten sie hier nochmals konkret vorbereitet sein und somit ganz locker Punkte sammeln.

Bei Ihren vorbereiteten Fragen sollten Sie Verständnis für die Situation zeigen und nicht mit Fragen kontern, die sowieso keine spontane ehrliche Antwort erhalten (Habe ich Sie im Gespräch jetzt überzeugt?) oder in Kleinigkeiten spitzfindig werden (Wie genau funktioniert die Zeiterfassung? Wie wird Gleitzeit abgearbeitet? Wie viele Urlaubstage gibt es?) oder maßlos werden (Erhalte ich bei Ihnen einen Seminar zum Thema XY). Auch nach dem Motto »Frechheit siegt« ist im Bewerbungsgespräch nicht viel zu gewinnen. Das überselbstbewusste Auftreten mancher Kandidaten, die in dieser Situation forsch einmal die Rollen vertauscht haben (Warum sollte ich zu Ihnen kommen? Was bietet mir Ihr Unternehmen, was andere nicht bieten? Welche Dienstwagen sind bei Ihnen Standard?), ist noch nie wirklich gut angekommen, sondern höchstens mal aus der Not heraus toleriert worden.

Es wird auch immer wieder gerne gesehen, wenn Bewerber in dieser Phase ein Schriftstück ziehen, worauf vorbereitete Fragen notiert sind, da dies dokumentiert, dass sie sich im Vorfeld bereits Gedanken gemacht haben. Allerdings sollten Sie dann nicht stur nach Plan Ihre Fragen stellen, sondern bereits besprochene Inhalte streichen. Im Extremfall können Sie einen Blick auf Ihre Notizen werfen und sagen: »Alle meine vorbereiteten Fragen haben sich im Gespräch geklärt, vielen Dank«.

Geeignete Fragen befassen sich mit der Aufgabenstellung und drücken Ihr Interesse am Unternehmen, den Prozessen und Entwicklungsmöglichkeiten aus:

- Nachdem ich die Beschreibung des Jobs so verstanden habe … Resümee aus Gespräch … würde ich sehr gerne mal den Arbeitsplatz sehen.
- Werden im Unternehmen Mitarbeitergespräche/Jahresgespräche geführt?
- Wie fließen Verbesserungsvorschläge von Mitarbeitern in das Unternehmen ein?
- Wie würden Sie den Führungsstil im Unternehmen beschreiben?
- Wie groß ist das Team, in welches ich käme?
- Wie ausgeprägt ist die Reisetätigkeit?
- Wie genau sieht die Struktur des Unternehmens/der Abteilung aus?
- An wen werde ich berichten?
- Wie werden Mitarbeiter im Unternehmen entwickelt?
- Nach Ihrer Beschreibung der Tätigkeit sehe ich folgende Parallelen zu meinem jetzigen Job … und denke von daher, dass das eigentlich sehr gut passt.

- Danke, ich habe in diesem Gespräch sehr gute Informationen erhalten. Ich kann nun folgendes Resümee ziehen …
- Sie haben vorhin beschrieben, dass … wichtig ist. Wie sehen Sie in dem Zusammenhang …?

Zu dem Themenbereich der Rahmenbedingungen kommen Sie erst, wenn Ihr Gegenüber es anspricht. Unternehmen wollen nicht mit jedem Kandidaten die Gehaltsfrage diskutieren, sondern behalten sich dies gerne für diejenigen Bewerber vor, die sie grundsätzlich als geeignet erachten. Oftmals wird auch direkt im Gespräch darauf verwiesen, dass es im ersten Interview um ein Orientierungsgespräch zur Klärung des beiderseitigen Interesses geht und in einem weiteren Gespräch dann Dinge wie Gehalt, Sozialleistungen, Arbeitszeiten, Dienstwagen, Leistungsprämien, Umzugskosten etc. erörtert werden.

Diese Vorgehensweise sollten Sie begrüßen, denn sie hat auch für Sie den Vorteil, dass Sie nach dem Gespräch mindesten »eine Nacht darüber schlafen können«, um für sich selbst zu entscheiden, ob Sie den idealen Job gefunden haben.

■ Die Frage nach dem Geld

Das Thema Gehalt sollten Sie möglichst nicht von sich aus ansprechen. Ihr Ziel im Gespräch ist es, den Eindruck zu vermitteln, dass es Ihnen hauptsächlich um die Aufgabe geht und souverän abzuwarten, bis die typischen Fragen auf Sie zukommen.

- Was wollen Sie denn bei uns verdienen?
- Wie sieht Ihr heutiges Gehalt denn aus?
- Wollen Sie auch etwas bei uns verdienen?
- Wie sehen Ihre Gehaltsvorstellungen aus?

Unabhängig von Ihrer persönlichen Bewerbung entsteht die Festlegung eines Gehalts durch das Zusammenspiel vieler verschiedener Faktoren. Um ein Gespür für die allgemeine Gehaltssituation der Position zu bekommen, sollten Sie im Vorfeld folgende Informationen sammeln:

- Ist das Unternehmen an einen Tarifvertrag gebunden?
- Welche sonstigen Leistungen bietet das Unternehmen?
- Gehört zu dem Anstellungsvertrag ein Dienstwagen?
- Gibt es eine betriebliche Altersversorgung?
- Gibt es eine Kantine/Essensgeld?
- Hat das Unternehmen einen Kindergarten?
- Werden Fahrtkosten bezuschusst?
- Werden von dem Unternehmen großzügig Weiterbildungskosten übernommen?
- In welcher Region in Deutschland liegt das Unternehmen?
- Wie gut geht es der Branche gerade?
- Ist das Unternehmen gerade in einer Wachstumsphase?
- Ist die Position mit spezieller Verantwortung (Führung) verbunden?

Im Internet haben Sie über verschiedene Jobbörsen die Möglichkeit, mittels eines Gehalts-Checks schnell Ihren allgemeinen Marktwert für die jeweilige Branche zu ermitteln.

Wie in ▶ Abschn. 3.1 (Festlegung der Eckpfeiler) beschrieben, gibt es unterschiedliche Ansätze, um zu Ihrem eigenen Gehaltswunsch zu kommen.

Findet die Bewerbung aus einer gesicherten Position heraus im Rahmen eines Karriereschrittes statt, bedeutet die neue Position unbedingt auch eine Weiterentwicklung im Gehalt. Als Basis für die Verhandlungen betrachten Sie Ihr jetziges oder letztes Gehalt und erhöhen es unter Berücksichtigung obiger Daten. In bestimmten Branchen mit geringen Bewerberzahlen (Ingenieure, IT-Spezialisten), haben Sie eine besonders gute Verhandlungsposition.

Sind Sie jedoch in der schwächeren Verhandlungsposition, weil Sie gezwungenermaßen auf Jobsuche sind, dürfen Ihre Ansprüche an die Bezahlung – zumindest beim Einstieg – nicht so starr festgelegt sein. Machen Sie sich frei von dem Gedanken, dass es im Gehalt immer weiter aufwärtsgehen muss! Diese Einstellung stammt aus den Zeiten wirtschaftlichen Wachstums, als Seniorität zu höherem Gehalt führte. Bevor ein falsches Anspruchsdenken zur dauerhaften Verhinderung eines Jobs führt, sollte unbedingt ein Umdenken in der Erwartungshaltung stattfinden!

Inzwischen haben wir alle gelernt, dass wirtschaftliche Erfolge nicht permanent anwachsen und dass es nicht automatisch immer »nach oben geht«. Nun heißt es, ein tieferes Verständnis und auch Akzeptanz für diese Entwicklung zu zeigen.

Eine der deutlichsten Entwicklung im Thema Gehalt ist die gestiegene Betonung der Leistung und Koppelung an den Unternehmenserfolg. Arbeitgeber verteilen ihr Risiko mittlerweile gerne mit auf die Angestellten, indem sie ein Grundgehalt als fixen Bestandteil garantieren und weitere variable Gehaltsbestandteile erfolgsabhängig auszahlen. Es werden qualitative oder quantitative Ziele vereinbart, die sich auf wirtschaftliche Zahlen des Unternehmens beziehen oder persönlich vom Arbeitnehmer beeinflusst werden können. Der Zielerreichungsgrad bestimmt dann die tatsächliche Auszahlung des variablen Gehalts.

Da in Gehaltsverhandlungen nicht die Zeit für große Rechenaufgaben bleibt, sollten Sie Ihre Vorstellungen sowohl als monatliches als auch als Jahresgehalt bereits ausgerechnet mit in das Gespräch nehmen. Notieren Sie sich auch den Zahlenwert inklusive Weihnachtsgeld und Urlaubsgeld und eventueller Prämien.

■ Das Allgemeine Gleichstellungsgesetz (AGG) im Bewerbungsgespräch

AHA-INFOS

Auch Bewerbungsgespräche haben ihre eindeutigen Grenzen hinsichtlich der erlaubten Fragestellungen. Wenn es trotzdem immer wieder vorkommt, dass unzulässige Fragen gestellt werden, kann dies zwei Ursachen haben:

- Auch Ihr Gesprächspartner führt nicht so häufig Bewerbungsgespräche und kennt die rechtlichen Grenzen einfach nicht genau.
- Ihr Gesprächspartner weiß sehr wohl, dass er bestimmte Fragen nicht an Sie richten darf, er stellt sie aber mit der Absicht, Ihre Reaktion darauf zu beobachten. Es ist schließlich nicht ganz einfach, in einer Situation des Selbstmarketings »Stop« zu sagen.

Ihre Reaktion auf diese Art der Fragen sollte in jedem Falle ruhig und souverän sein. Wenn Sie wissen, dass Ihre ehrliche Antwort eine positive Auswirkung hat, können Sie ganz locker reagieren:

- »… na, eigentlich ist diese Frage ja nicht zulässig, aber da ich meine Familienplanung wirklich abgeschlossen habe, plane ich keine weiteren Kinder …«

oder

- »… obwohl diese Frage ja zu persönlich für ein Bewerbungsgespräch ist … nein, ich war die letzten Jahre kerngesund …«

Das Verbot bestimmter Fragestellungen bezieht sich zum einen auf Informationen, die nach dem Allgemeinen Gleichstellungsgesetz (AGG) zu einer Benachteiligung führen könnten. Zum anderen dürfen aber auch keine Fragen gestellt werden, die keinen Zusammenhang mit Ihrer beruflichen Fähigkeit und Arbeitsleistung haben oder eindeutig zu persönlich sind.

Beispiele verbotener Fragen

- Wollen Sie bald heiraten oder sich scheiden lassen?
- Warum wollen Sie nicht heiraten?
- Sind Sie Single, warum?
- Sind Sie schwanger?
- Planen Sie bald Kinder?
- Planen Sie weitere Kinder?
- Welche Partei wählen Sie?
- Welcher Glaubensrichtung gehören Sie an?
- Sind Sie homosexuell?
- Wie sieht Ihr Sexualleben aus?
- Haben Sie Schulden?
- Sind Sie Mitglied in einer Gewerkschaft?
- Sind Sie HIV-positiv?
- Welche Krankheiten gibt es in Ihrer Familie?
- Sind Sie behindert? (Im Vergleich zur Schwerstbehinderung stellt das AGG »normale« Behinderung unter Diskriminierungsschutz.)

Selbstverständlich können Sie auf diese Fragen ganz klar die Antwort vermeiden, indem Sie höflich und freundlich, möglichst lächelnd reagieren:

- »… diese Frage gehört nicht hierher …«
- »… diese Frage ist mir zu intim …«
- »… bitte stellen Sie die nächste Frage …«
- »… welche Fragen hätten Sie denn noch an mich …?«
- »… wie verhält es sich denn bei Ihnen …?«

Da diese Aussageverweigerung oder auch ein Schweigen jedoch negativ ausgelegt werden können, ist es Ihnen rein arbeitsrechtlich betrachtet, sogar offiziell erlaubt zu lügen. Bewerberinnen, die auf die Frage nach der Schwangerschaft klar geantwortet haben »nein, ich bin nicht schwanger«, obwohl sie sich bereits bekanntlich in anderen Umständen befanden, konnten im Nachhinein nicht gekündigt werden.

Dieses Vorgehen ist zwar moralisch nicht empfehlenswert, allerdings ist dies eine Reaktion auf unangemessene Fragen, die damit hoffentlich irgendwann nicht mehr gestellt werden.

Die Verbreitung unangemessener Fragen ist jedoch mittlerweile deutlich zurückgegangen. Geschulte Personaler vermeiden inzwischen aus reinem Selbstschutz Fragen, die nach dem AGG verboten sind. Stellen Sie sich einmal folgende Situation vor: Einem Bewerber wird beispielsweise die Frage gestellt: »Sind Sie homosexuell?« und er antwortet wahrheitsgemäß mit »ja«. Nach dem Gespräch erhält er eine neutrale Absage. Nun kann er aus der Beantwortung der Frage im Bewerbungsgespräch aber ein eindeutiges Diskriminierungsmerkmal als Grund für seine Benachteiligung anführen und verklagt das Unternehmen auf Schadensersatz.

Achtung: Sobald sich jedoch aus der Arbeitstätigkeit heraus ein Zusammenhang zu einem dieser Themen herstellen lässt, werden die jeweiligen Fragen zulässig:

- Zum Beispiel bei Einsätzen in der Nahrungsmittelherstellung ist es wichtig, den Gesundheitszustand des Bewerbers genauestens zu kennen.
- Zum Beispiel zur Einstellung eines Kassierers in der Bank ist die Information über seine Vermögensverhältnisse von begründeter Relevanz.
- Zum Beispiel bei der Einstellung eines Chauffeurs oder Piloten ist sein Verhältnis zum Alkohol eine Information, die für die Ausübung der Tätigkeit ausschlaggebend und somit erlaubt ist.

▪ Antworten, die Sie niemals geben sollten

DO IT!

Auch Bewerber genießen keine Narrenfreiheit bezüglich der Inhalte ihrer Antworten. Auch für Sie als Bewerber gelten die Regeln des Allgemeinen Gleichstellungsgesetzes, und Aussagen mit diskriminierenden Inhalten sind für Sie tabu:

- Ich kann nicht mit den jungen Dingern zusammenarbeiten.
- Ich kann nicht mit den Alten zusammenarbeiten.
- Ich kann nicht mit Frauen/Männern zusammenarbeiten.
- Ich will nicht mit Moslems/Christen/Juden/Buddhisten zusammenarbeiten.

- Blondinenwitze
- Ich habe etwas gegen Ausländer.

Ein professionell arbeitender Personaler wird auf solche Äußerungen nicht eingehen und Sie dann aus dem weiteren Bewerbungsprozess ohne Angabe von Gründen aussortieren.

Fazit

Wie Sie sehen, gibt es eine Vielzahl von Fragen, die letztendlich immer wieder um denselben inhaltlichen Kern kreisen. Wenn Sie diese Fragen kennen und sich auch schon einmal in Gedanken mit den Antworten befasst haben, werden Sie zu einem tieferen Verständnis auch für sich selbst und Ihre eigenen Motivationen kommen. Diese Selbstreflexion wird es Ihnen deutlich erleichtern, unverkrampft Antworten zu finden, auch wenn die Fragen in der Formulierung abweichen. Insgesamt erhöht dieses Vertrauen Ihr Gefühl, Kontrolle über die Situation zu haben und Sie werden sich wohler fühlen.

Auch auf Personaler-Seite ist man sich darüber bewusst, dass Bewerbungsgespräche immer Stresssituationen für Bewerber bedeuten und berücksichtigt dies in der Bewertung. Lediglich in Beurteilungen für Jobs, die später in ihrer Durchführung stark durch Kundenkontakt, Führungsstärke oder Konfliktpotenzial geprägt sind, wird man schon im Gespräch bewusst Druck erzeugen, um zu erkennen, wie Sie damit umgehen. Klassische druckerzeugende Gesprächsführung erkennen Sie daran, wenn man Sie nicht aussprechen lässt, Sie immer wieder unterbricht, sehr schnell Fragen nachschiebt, Ihnen widerspricht, Ihnen mehr als zwei Gesprächspartner gegenübersitzen, die abwechselnd Fragen an Sie richten oder wenn Sie provozierend mit Aussagen »Ich glaube, Sie sind nicht stressresistent« konfrontiert werden.

12.6 Sicherheit durch Übung

Es gibt nur eine Möglichkeit, Ihr Auftreten in Bewerbungsgesprächen noch souveräner werden zu lassen, nämlich durch eine Vielzahl von Bewerbungsgesprächen. Wenn Ihre Zeit es erlaubt, ist es der Königsweg, vor den wirklich wichtigen Bewerbungsgesprächen einige Bewerbungen an Unternehmen zu schicken, die Sie nicht entscheidend reizen. Mit dieser Gelegenheit, durch erste Gespräche einen Eindruck von Ihrem eigenen Auftreten zu gewinnen, werden Sie sehr schnell wissen, wo es hakt und wo Sie korrigieren müssen. Darüber hinaus gewöhnen Sie sich sehr schnell an diese spezielle Situation im Gespräch und können deutlich Ihre Nervosität reduzieren.

Karrierecoaches und Personalberater führen vor Bewerbungsgesprächen mit ihren Kandidaten individuelle Rollenspiele durch, um sie optimal vorzubereiten.

Ist dieser Weg zu aufwendig oder Sie sind morgen schon auf dem Weg zum Wunsch-Job, dann sollten Sie einige Fragen im Rollenspiel mit einer Person Ihres Vertrauens durchgehen.

12.7 Überzeugen durch Qualität im Gespräch

FEEL GOOD!

Bitte lassen Sie sich nicht durch die Vielzahl möglicher Fragestellungen verunsichern. Sie sind kein Berufsanfänger, der schnell mit seinem Latein am Ende ist, sondern Ihr Erfahrungsschatz und Ihre persönliche Reife garantieren eine so breite Basis für das Gespräch, dass Sie nicht so schnell in Verlegenheit kommen dürften. Abgesehen von Ihrem in Jahren aufgebautem Fachwissen haben Sie schließlich auch 10–25 Jahre mehr Gesprächserfahrung hinter sich.

Parallel dazu bringen Sie in allen berufsrelevanten Kompetenzen dieses Plus von vielen Jahren mit, welches Ihnen in der Regel einen deutlichen Vorsprung in diesen Bereichen verschafft:

- **Höhere Sozialkompetenz** durch jahrelanges Training im Umgang mit Menschen, Gruppen, Konflikten, Situationen jeder Art.
- **Höhere emotionale Stabilität** als Resultat eines Reifungsprozesses der Persönlichkeit und gesammelter Erfahrungen. Sie wissen einfach aus Erfahrung, »dass nichts so heiß gegessen wird, wie es gekocht wurde.«
- **Geringeres Konfliktpotenzial**, da man sich mit steigendem Lebensalter selber mehr beherrscht und auch grundsätzlich respektvoller behandelt wird.
- **Größeres Verständnis für Mitmenschen**, da man selber schon viele Situationen unmittelbar oder mittelbar erlebt hat und auch einmal jung war.
- **Bessere Menschenkenntnis** als Resultat jahrelanger Kontakte zu Menschen.
- **Größeres Verständnis für Berufs- und allgemeine Lebenssituationen** aufgrund des langjährigen Erfahrungsschatzes.
- **Souveränerer Umgang mit Misserfolgen**, denn Sie wissen aus Erfahrung, dass es nach einem Tief immer wieder aufwärtsgeht.
- **Größere Loyalität zum Arbeitgeber**, denn Ihre Generation sieht im ständigen Jobhopping noch nicht die Erfüllung ihres Berufslebens.

Rücken Sie diesen Erfahrungsschatz und Ihre persönliche Leistungsbilanz in den Vordergrund.

Großunternehmen mit einem strategischen »Age Management« setzen seit Längerem bereits auf die besondere Schlagkraft altersgemischter Teams. Sie wissen, dass die Kombination aus erfrischendem Uni-Wissen und Enthusiasmus der Jüngeren in Kombination mit der Erfahrung und der Souveränität der Älteren besonders erfolgreiche Resultate bringt. Demnach wird der Einsatz altersgemischter Teams als die Arbeitsform der Zukunft betrachtet.

Die Erkenntnis über die Vorzüge gereifter Persönlichkeiten breitet sich mittlerweile immer weiter aus. Im Gesundheitswesen weiß man schon lange, dass älterem Personal allgemein ein höheres Vertrauen entgegengebracht wird, weil die Patienten den größeren Erfahrungsschatz uneingeschränkt würdigen.

Da ein echtes Umdenken aber weniger durch moralische Vorstellungen und Wünsche bereits abhängiger Patienten angestoßen wird, sondern in unserer von wirtschaftlichen Interessen dominierten Gesellschaft immer nur dann stattfindet, wenn wirtschaftliche Ziele beeinflusst werden, stehen wir gerade am Anfang einer wirklichen Veränderung.

Mittlerweile sieht sich der gesamte Bereich der Dienstleistung einer sehr kaufkräftigen älter werdenden Kundschaft gegenüber. Die immer weiter anwachsende Kaufkraft der älteren Konsumenten erzeugt den nötigen Druck auf Unternehmen, einen Anstieg des Lebensalters in den Betrieben zu fördern, um als glaubwürdige Geschäftspartner wahrgenommen zu werden. Mit einer Belegschaft, die in ihrer Altersstruktur komplett entgegen der Zielgruppe aufgestellt ist, wird ein Unternehmen zukünftig die Bedürfnisse dieser Kunden nicht befriedigen können und sie als Geldquelle verlieren.

Selbst im Bereich des Marketings, wo ganz besonders der Jugendwahn dominierte, wird man inzwischen hellhörig: Studien haben das Vorurteil widerlegt, dass ältere Angestellte unflexibel und unkreativ sind. Darüber hinaus haben ältere Mitarbeiter den Vorzug, zu wissen, was die immer weiter anwachsende Zielgruppe der »Silberlocken, Silver-Surfer, Best-Ager …« wirklich will.

Unabhängig von der Einsicht der Unternehmen, ob es erstrebenswert ist, ältere Mitarbeiter einzustellen, begünstigt der demografische Wandel das Interesse an Bewerbern auch in dem schwierigeren Bereich 50+. Wenn partout keine jungen Fachkräfte auf dem Markt sind, wird man im Sinne des Unternehmenserfolges auch entgegen der Überzeugung einstellen müssen! Zukunftsorientierte Unternehmen haben bereits Initiativen gestartete, um speziell Bewerber im Alter über 55 Jahren anzusprechen.

DO IT!

Zusammenfassung

Für Ihr Bewerbungsgespräch gilt Folgendes:

- Nachdem Ihre schriftlichen Unterlagen Qualität versprochen haben, wird Ihr persönlicher Auftritt diesen Eindruck bestätigen!
- Dies erreichen Sie durch eine gründliche Vorbereitung.
- Sammeln Sie im Vorfeld so viele Informationen wie möglich über das Unternehmen und Ihren Gesprächspartner.
- Senden Sie über die Wahl Ihres Outfits die richtigen Signale.
- Setzen Sie sich mit möglichen Fragestellungen auseinander, um durch Selbstreflexion im Vorfeld eine Basis zu schaffen, die Ihnen die Beantwortung auf alle möglichen Fragen erleichtert. Lernen Sie die Grenzen erlaubter Fragestellungen kennen und überlegen Sie sich, wie Sie auf Fragen, die darüber hinausgehen, reagieren wollen.

- Stellen Sie sich darauf ein, dass Profis Ihnen bis zu 90% der Gesprächsanteile überlassen.
- Sammeln Sie im Voraus Marktdaten zum Thema Gehalt und legen Sie Ihre Spannbreite für Ihre Gehaltsvorstellungen fest. Nehmen Sie einige Rechenbeispiele als Notiz mit ins Gespräch.
- Die beste Sicherheit erlangen Sie durch Übung in mehreren Gesprächen, bevor Sie in *das* wichtige Bewerbungsgespräch kommen.
- Präsentieren Sie selbstbewusst Ihre Vorzüge, die Sie durch langjährige Berufserfahrung und als gereifte Persönlichkeit mitbringen.
- Einige Unternehmen suchen Sie bereits aus Überzeugung – andere werden aus der Not heraus Interesse an Ihrer Bewerbung zeigen!

Am Ende steht Ihr neuer Arbeitsvertrag

A. Eggert, *Ab 40 bewirbt man sich anders*,
DOI 10.1007/978-3-642-41171-7_13, © Springer-Verlag Berlin Heidelberg 2015

AHA-INFOS

Je nach Entscheidungsfreudigkeit des Unternehmens kann man Ihnen direkt im Anschluss an das Gespräch oder nach einer gewissen Beratungszeit ein Vertragsangebot unterbreiten.

In mittelständischen und größeren Unternehmen durchlaufen Einstellungsentscheidungen einen klar definierten Prozess, der sich durch die Zustimmungspflicht verschiedener Personen und das Mitbestimmungsrecht des Betriebsrates oftmals in die Länge zieht. Wenn nicht gerade Ihr Kündigungstermin drängt, sollten Sie sich durch diese Verzögerungen im Vertragsangebot nicht irritieren lassen.

Kleinere Arbeitgeber können deutlich flexibler reagieren und direkte Absprache mit Ihnen treffen. Hierzu sollten Sie wissen, dass aus juristischer Sicht ein Arbeitsvertrag nicht unbedingt in Schriftform vereinbart werden muss. Mündliche Absprachen gelten gleichermaßen, allerdings haben sie den Nachteil, dass sie im Streitfall schwerer nachweisbar sind. Bei einem Start auf Basis einer mündlichen Vereinbarung haben Sie ein Recht darauf, dass Ihnen spätestens einen Monat nach dem im Arbeitsvertrag festgelegten Eintrittstermin die wichtigsten Vertragsbedingungen schriftlich und vom Arbeitgeber unterzeichnet ausgehändigt werden.

Dieser Vertrag sollte zur beiderseitigen Absicherung folgende Inhalte beschreiben:

- Namen und Anschriften des Arbeitgebers und des Arbeitnehmers
- Beginn (evtl. Befristung des Arbeitsverhältnisses)
- Ort der Beschäftigung
- Bezeichnung/Titel der ausgeübten Tätigkeit
- Abteilung/Beschreibung der auszuführenden Tätigkeit
- Dauer der (eventuellen) Probezeit
- Vorgeschriebene Arbeitszeit
- Gehalt (evtl. Aufteilung in fixen und variablen Bestandteil, evtl. Bonuszahlungen)
- Anzahl der Urlaubstage
- Gewährte Sonderleistungen, wie
  - Urlaubsgeld
  - Weihnachtsgeld
  - Firmenwagen
  - Unfallversicherung
  - Direktversicherung
  - Betriebliche Altersversicherung
  - Vermögenswirksame Leistungen
  - Makler-/Umzugskostenbeteiligung
  - Dienstwohnung
- Hinweise auf eventuelle Zusatzvereinbarungen, die mit Beginn des Arbeitsverhältnisses wirksam werden
- Hinweise auf die Geltung von Betriebsvereinbarungen, wenn für das Unternehmen keine Tarifbindung besteht

- Regelung für diverse Reisetätigkeiten und deren Abgeltungen
- Regelungen über Erfindungen/Verbesserungsvorschläge
- Regelung und Absicherung im Fall von Krankheiten
- Genehmigungspflicht für Nebentätigkeiten
- Unterzeichnen der Schweigepflicht
- Kündigungsfristen
- Regelungen bei Vertragsauflösung (z. B. Weiterbildung: Rückzahlungspflicht)
- Freistellungsklausel bei Kündigung
- Rückgabe von Arbeitsmitteln und Unterlagen bei Kündigung
- Unterschrift beider Vertragspartner mit Datum des Abschlusses

Da es für die Gestaltung von Arbeitsverträgen keine gesetzlich geregelten Mindestangaben gibt, haben sich in Unternehmen aus Erfahrungen heraus spezifische Vertragsstandards entwickelt, die den jeweiligen Erfordernissen angepasst sind. Sollte einer der genannten Punkte oder ein weiterer Verhandlungsgegenstand Ihres Gesprächs nicht darin enthalten sein, haben Sie immer die Möglichkeit, um Nennung im Vertrag oder in einem Vertragszusatz zu bitten. Je nach Unternehmenspolitik kann der Arbeitgeber auf individuelle Wünsche eingehen oder wird mehr oder weniger plausible Gründe dagegen finden.

Zur Ihrer Absicherung gelten für nicht vertraglich geregelte Themen die tariflichen oder gesetzlichen Bestimmungen.

Mit dem Vorliegen eines Vertragsangebotes haben Sie am Ende dieses gesamten Bewerbungsprozesses nun wieder die volle Kontrolle über die Situation. Nehmen Sie sich nochmals die Zeit, um für sich selbst abzuwägen, ob Sie den richtigen Job beim richtigen Arbeitgeber vor sich sehen.

Teilweise befristen Arbeitgeber ihr Vertragsangebot für einen konkreten Zeitraum. Erhalten sie innerhalb des definierten Zeitraums keine Zusage von Ihrer Seite, wird das Angebot unwirksam. Ansonsten wird allgemein eine Bedenkzeit von ca. einer Woche als akzeptabel betrachtet. Allerdings gilt auch hier die Grundregel, schnell zu sein, wenn der Wettbewerb groß ist!

Die Entscheidung über das letztendliche Zustandekommen des Arbeitsverhältnisses liegt nun in Ihrer Hand.

Viel Erfolg!

Serviceteil

A. Eggert, *Ab 40 bewirbt man sich anders*,
DOI 10.1007/978-3-642-41171-7, © Springer-Verlag Berlin Heidelberg 2015

Stichwortverzeichnis

N

O

P

Q

R

S

T

U

V

W

Z

Printing: Ten Brink, Meppel, The Netherlands
Binding: Stürtz, Würzburg, Germany